我爱做家务

U0259543

巧主妇的家务窍门

总策划 杨建峰　　主编 秦　泉

江西科学技术出版社

图书在版编目（CIP）数据

巧主妇的家务窍门 / 秦泉主编.— 南昌：江西科学技术出版社，2014.4

ISBN 978-7-5390-5037-9

Ⅰ.①巧…　Ⅱ.①秦…　Ⅲ.①家庭生活—基本知识　Ⅳ.①TS976.3

中国版本图书馆CIP数据核字（2014）第047178号

国际互联网（Internet）地址：

http：//www.jxkjcbs.com

选题序号：KX2014059

图书代码：D14040-101

巧主妇的家务窍门

秦泉主编

出　　版	江西科学技术出版社	
社　　址	南昌市蓼洲街2号附1号	
	邮编：330009　　电话：（0791）86623491　86639342（传真）	
印　　刷	北京新华印刷有限公司	
总 策 划	杨建峰	
项目统筹	陈小华	
责任印务	高峰　苏画眉	
设　　计	松雪图文 SONGXUE TUWEN　王进	
经　　销	各地新华书店	
开　　本	787mm×1092mm　1/16	
字　　数	260千字	
印　　张	16	
版　　次	2014年8月第1版　　2014年8月第1次印刷	
书　　号	ISBN 978-7-5390-5037-9	
定　　价	28.80元（平装）	

赣版权登字号-03-2014-90

Contents 目 录

Part 1 巧主妇的家务原则

Part 2 巧主妇绝不会让厨房油腻腻

Part 3 巧主妇家的浴室永远干净干爽

Part 4 巧主妇家的客厅永远干净明亮

客厅天花板、灯具巧清洁

客厅地板巧清洁

客厅墙面巧清洁

客厅窗户、门巧清洁

客厅家具巧清洁

$Part\ 5$ 巧主妇的卧室总是那么舒适、温馨

Part 6 巧主妇总能让自己和家人的衣物始终如新

衣物巧清洁

衣物晾晒有妙招

Part 7 巧主妇的家庭节能妙招

Part 8 巧主妇养出俏宠物、靓花草

Part 1

巧主妇的家务原则

家务活儿千头万绪，怎样做才能有条有理？

怎样才能让自己在家庭生活中表现得游刃有余？

干家务虽然是平凡的事，但是也处处充满了智慧和学问。

让我们掌握一些做家务的原则，为自己打造一个温馨、舒适的家吧！

化整为零的打扫原则

顺手打扫

　　洗衣服、进厨房时可以顺手做一些打扫、清理工作，这些工作可以在不占用太多时间和精力的情况下，通过日积月累、化整为零的方式去完成。

　　比如做完饭之后，可以及时擦洗料理台、洗碗池等。

　　如厕后，可以顺手清理马桶壁上的污垢。

集中打扫

　　有目标性地集中打扫，可以有效地完成清洁工作。比如，一些容易藏污纳垢的地方可以集中打扫，只有重点打扫，才能更明确地准备清洁用品，打扫也更有序。

　　比如，可以集中清洁窗框沟的污垢。

　　可以集中对门把手进行清洁，因为门把手每天都会接触到，用久了容易滋生细菌和脏物。

及时清理垃圾

及时清理垃圾，不仅可以让每天的打扫更轻松，而且还可以避免二次污染。比如可以将每次做饭后的厨房垃圾及时清理、扔掉。

不要将垃圾堆在一起最后清理，因为垃圾在转移的过程中，容易给地板或瓷砖造成二次污染，而且垃圾堆在一起存放两三天后便会滋生大量细菌、蚊虫，产生异味。因此，要及时处理垃圾。

确立打扫目标后立刻行动

很多主妇都有这个体会，如果不设定打扫时间，每次到周末就会有一大堆需要打扫、清理的家务活，有时候一整天也忙不完。

因此，主妇可以每天都设定一个时间范围和打扫目标，并立刻付诸行动。比如每天设定20分钟打扫一下客厅或清洁桌面、电器，久而久之就会发现每次完成后，自然而然地就有了第二天的清洁目标，然后在第二天的固定清洁时间完成任务即可。

只要每天坚持打扫、清理一点点，到了周末，主妇也可以轻松、愉快地度过了！

提高劳动效率的要点

先易后难

打扫时一般要遵循先易后难的原则。可以先从简单的打扫卧室开始，然后再打扫书房、客厅，最后再打扫厨房和厕所。

归类整理

清扫橱柜时，可以先将橱柜里面的物品取出，然后分类整理放置。待将橱柜擦洗干净、晾干后，再将分类整理好的物品放回橱柜里面，这样不仅让橱柜更加整洁，而且还有利于日后找东西。

先吸尘，再清洁

用清水或用洗涤剂清洗地面时，最好先吸尘，再清洁。如清扫地面后，再用吸尘器进一步吸尘，最后再清洗即可，可以达到事半功倍的效果，让打扫更加省时省力。

不同的污垢用不同的清洁方法

油污

一些附着在物体表面的油污比较难清洗，可以用一般的洗涤剂来清洗。

尘垢

尘垢是附着在物体表面的尘埃，由于附着力很弱，因此较易去除。可以用抹布、静电刷或吸尘器等来去除。

顽垢

由于这种污垢与物体已连成一体并渗入物体表面，因此这种顽垢一般要用强力去污剂来去除才行。

水温高清洁效果好

清洗一些油污时，先用热水浸泡抹布后再擦洗，可以有效去除油污。比如洗碗时，可以先用热水或温水浸泡碗，然后再用洗碗布清洗，最后用清水冲洗干净即可。用热水泡过的碗清洗时明显要更省时省力，而且可以消毒杀菌。

先溶解顽固的污垢

有一些严重的污垢很难清洗，让很多主妇们头疼。其实清洗顽固的污垢很简单，只要先溶解污垢，再清洗就简单多了。比如，可以先将清洁剂喷在顽固的污垢上，静置10～15分钟，待清洁剂将污垢溶解后再清理，就能达到最佳效果，而且处理起来也省时省力。

合理运用干湿处理

如果物品的污垢太厚，最好先用湿抹布擦洗一遍，然后再用干抹布轻轻抹干净，物品就不会留下水渍。如果只是用湿抹布擦洗，则容易留下水渍，时间一长，就容易发霉，而且再清洗时会变得困难。所以不管是哪类污渍或污垢，最好先用湿抹布先擦拭一遍，然后再用干抹布轻轻擦干水分，这样才有利于清洁。

选用最合适的清洁工具

拖把

拖把的主要作用是蘸取适量水分将地面污物溶开擦除。拖把又分为木杆拖把、拧水拖把、甩干拖把、胶棉拖把等类型。

吸尘器

吸尘器是利用空气吸力来将灰尘、纸屑吸入的清洁工具，不会造成扬尘。吸尘器可用于各种角落、地板的污物搜集，使打扫更方便、快捷。

扫把

扫把可以用于清扫地面、角落的各种垃圾，是家庭最常用、最普通的打扫工具之一。

清洁布

清洁布由超细合成纤维制成，吸水耐磨，适合清洗换气扇等有污物的器具。清洁布和不同的洗涤剂一起使用，还能去除灰尘、油污、水印等。

清洁海绵

清洁海绵可以自动吸附物体表面的污渍。洗碗、清洗物品时，可用清洁海绵蘸取洗涤剂来擦洗油污等。根据需清洗物品的不同，可以选择使用大小、软硬度不同的清洗海绵。

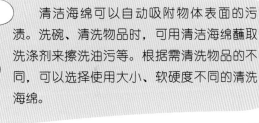

钢丝清洁球

钢丝清洁球能强力去污，常用于清洗灶台上的油污、墙壁上的油污、洗手盆的水垢、地板的污垢等，尤其是煤气灶等有水垢和油垢的地方，经济又耐用，是家庭必备的清洁工具。

鸡毛掸子

鸡毛掸子是一种用鸡毛绑成的，用来清扫灰尘的工具。

虽然鸡毛掸子历史悠久，但是实用性还是很强的，主要用于清洁家具、家电表面的灰尘。

玻璃刮

玻璃刮一边是海绵的，沾上洗涤剂之后能用来刷洗玻璃上的污渍；另一面是橡胶皮的，主要用来刮掉玻璃上残留的水渍。玻璃刷主要用来清洁大片的玻璃，使用起来方便、快捷。

清洁刷

清洁刷包括各种形状、材质、大小不同的刷子，可以清洗厨具、衣物等，也可用于清洗厨房、卫生间等。

橡胶手套

橡胶手套是用橡胶薄膜或薄片制作而成的手套。橡胶手套可避免各种酸、碱清洁剂及污渍腐蚀皮肤，能很好地保护双手。

垃圾铲

垃圾铲主要用来清理各个地方的垃圾，可以将地面、角落的垃圾收集在一起，十分方便、实用。

清洁用品的**安全使用要点与窍门**

空气清新剂

空气清新剂是由乙醇、香精、去离子水等成分组成的，主要通过散发一些香味来掩盖异味，从而减轻人们因异味引起的不舒服的感觉。很多人喜欢将空气清新剂用于卧室、客厅，希望能营造清新的空气环境。其实，空气清新剂含有苯酚，如果人们大量吸入后，会引起头痛、呼吸困难等症状，而且有的空气清新剂还会刺激眼睛，甚至会刺激皮肤。

其实，要改善室内空气，是有窍门的：可以在室内养一些花草植物来净化空气，还可以摆放橘子皮、柚子皮等来改善室内空气。

漂白剂

漂白剂主要通过氧化反应来达到漂白物品的功用，把一些物品漂白即把它的颜色去除或变淡。漂白剂常用于恢复衬衫的洁白，事实上漂白剂对衬衫有非常大的伤害。因为大多数的漂白剂中都含有次氯酸钠这种化学物质，它不但具有非常强的腐蚀性，而且还会释放出大量有毒气体，如果人体经常接触则可能会伤害肺部或头发。

替换漂白剂的窍门：对于一些难以清洗的污垢，可以尝试用醋、盐或者柠檬皮反复擦拭，再用清水洗净。

去污粉

　　去污粉具有很强的去污能力，可以有效清除油污和尘垢，是一种洗涤能力较强的粉状物质。去污粉颗粒粗糙，而且含有很多碱性物质，如果长期使用去污粉清洗、擦拭各种厨房设施、瓷器、水池等，则会产生较大的腐蚀作用，而且还会使手部出现脱皮、干燥的现象。

　　替换去污粉的窍门：可以尝试用适量小苏打加水调成膏状去除一些物体表面的污渍和污垢。

厕所清洁剂

　　厕所清洁剂主要是靠酸来去污杀菌的，其中盐酸是厕所清洁剂中最普遍使用的一种酸，但是盐酸具有非常强的刺激性气味，还有很强的腐蚀性。

　　替换厕所清洁剂的窍门：可以往马桶内倒入适量白醋进行充分浸泡，然后再刷洗干净即可。

杀虫剂

　　杀虫剂主要用于驱杀蚊虫。杀虫剂不可长期使用，因为杀虫剂含有很强的刺激性，会引起眼睛、呼吸道、皮肤等不适症状，长期接触杀虫剂还会导致神经系统紊乱，从而引起头痛、头晕等现象。

　　替换杀虫剂的窍门：可以在室内养一些驱蚊草、茉莉花等驱蚊虫花草，也可以在室内摆放揭开盖后的风油精来驱蚊虫。

洗洁精

　　洗洁精有去污、除菌、分解油脂的作用，主要用于清洁碗筷和蔬果。洗洁精中含有表面活性剂，如果不清洗干净，食入后会影响人体代谢，造成很大伤害。

　　替换洗洁精的窍门：洗米水有很好的去污的效果，可以留着洗碗；清洗蔬果时，先洗净表面的泥污，再用淡盐水浸泡，最后用清水冲洗，也能去除残留的农药。

Part 2

巧主妇绝不会
让厨房油腻腻

要烹饪舌尖上的美食，厨房当然不能油腻腻的。
但是，清洁脏乱的厨房本身就是一件让人头痛的事情：
油腻的灶台、难洗的厨具、零碎的小物件，一切仿佛噩梦。
来学一些小技巧，让清洁和归整厨房变得不再麻烦吧！

餐具、厨具巧清洁

筷子巧去异味

筷子有了异味，可浸于淘米水中，再加盐或碱擦洗，此外，还可用生姜或洋葱擦几遍，然后用热水冲洗刷净。

洗净后，在筷子上倒点醋，放到太阳下晒干，再用清水洗净。

另外，还要注意定期清洗筷子盒，最好是透气好网眼大又不致使筷子掉落的那种，勤晒太阳，进行消毒。同时不要将所有的筷子都拿出来用，只要摆上常用的几双筷子就行了，这样筷子盒空间大利于通风透气，从而不致发霉，有异味。

刀叉巧清洗

刀叉一般比较难清洗，而且不能用钢丝球来擦拭刀叉，否则会破坏刀叉表面的光洁度。清洗刀叉可以尝试用以下方法：

方法一：水池中倒入适量热水，然后倒入少许小苏打溶解成溶液，再把要洗的刀叉放入水池中，浸泡约1小时后，再用清洁布将刀叉擦拭干净，最后用清水冲洗一遍即可。

方法二：还可以用清洁布蘸取少许醋擦拭刀叉，最后用清水冲洗干净。

塑料碗碟巧清洗

塑料碗碟虽然不易打碎，但是上面的油污却不易清洗干净。不妨试下面的方法：

方法一：将塑料碗碟放在淘米水中浸泡片刻，然后用洗碗布擦洗塑料碗碟上的油污，最后用清水冲洗干净即可。

方法二：如果有喝剩下的面汤，不妨用来清洁塑料碗碟，会有意想不到的效果哦。

洗碗小窍门

油腻腻的碗若很难洗净，可以尝试用以下方法：

方法一：用洗洁精洗碗，可以有效去除油污，再用清水轻轻洗净即可。

方法二：用喝剩下的茶叶渣可以轻松去除玻璃碗上的油污。

方法三：用潮湿的洗碗布沾一点小苏打，然后擦洗碗上的油污，再用清水清洗即可。

方法四：用玉米面擦洗碗表面的油污，再用清水轻轻洗净即可。

筷筒巧清洗

一般筷筒放久了以后会出现油污，比较难清洗。

可以准备一个脸盆，倒入适量热水，然后加一勺漂白水和洗洁精，轻轻搅拌均匀，再将筷筒放入脸盆中浸泡15分钟，最后用清水洗净即可。

炖盅巧清洗

煲汤用的炖盅使用完之后，如果不清洗干净，不仅会残留异味，还容易滋生霉菌。这样很容易对我们的健康造成威胁。其实只需要一些小苏打，问题就迎刃而解了。具体方法为：

方法一：清洗炖盅时，用加有小苏打的热水仔细清洗两遍，然后用干抹布将其擦干即可收存。

方法二：如果没有小苏打，用硼砂也能起到相同的作用。将炖盅清洗干净，然后用抹布擦干，在炖盅内放入少许硼砂再放起来。等到使用时，直接将硼砂丢弃，然后将炖盅洗净即可。

不锈钢餐具光洁妙招

不锈钢餐具是比较实用的——清洁方便又耐用不怕摔。但是即使洗得再干净，时间久了这些餐具看起来很脏。不妨试试下面的光洁小妙招：

方法一：将小苏打洒在湿的不锈钢餐具表面，用软布擦洗干净即可。

方法二：将做菜剩下的胡萝卜用叉子穿起来，然后放在火上烤一烤，再用来擦拭不锈钢餐具，这样就能让餐具恢复光洁如新了。

咖啡杯巧清洗

咖啡容易在杯子的内壁上留下咖啡渍，每次喝完咖啡后杯子都比较难清洗。咖啡杯不能用硬质刷子和碱性过强的洗涤剂清洗，以免刮伤或损害咖啡杯的表面。快速清洁咖啡杯，不妨尝试以下方法：

方法一：向咖啡杯内撒少许盐，再用湿布擦拭片刻，最后用清水冲洗干净即可。

方法二：长期使用或未能马上清洗的咖啡杯上的咖啡渍更难清洗，可以向杯中挤少许柠檬汁，浸泡片刻后，再用清水冲洗干净即可。

方法三：如果咖啡渍实在难以去除，还可以蘸上一点牙膏擦洗2分钟，最后用清水冲洗干净即可。

方法四：最好是每次喝完咖啡后及时冲洗咖啡杯，这样可以保持咖啡杯的清洁。

塑料油壶巧清洗

用水稀释小苏打，倒入油壶内摇晃，或用毛刷清洗，再倒入少量食用碱水摇刷，然后倒掉，最后用热的食盐水冲洗。这样洗涤塑料容器，既干净又不会有副作用。

平常我们用完的油瓶可以用来装很多东西，很有实用性，但如何洗尽瓶里面的残油，则又是个让人头疼的问题。其实，只要掌握一些诀窍就很容易了。

妙法洗油瓶

方法一

STEP 1

取一些鸡蛋壳，捣碎，塞入油瓶中。

STEP 2

加入少量温水。

STEP 3

盖紧瓶塞，上下摇晃振荡1分钟，倒出蛋壳残渣，用清水冲洗几次，油瓶就洗净了。

方法二

STEP 1

往油瓶里装一些碱。

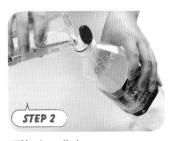

STEP 2

再加入一些水。

STEP 3

盖紧瓶塞，摇晃一阵，油瓶就干净了。

瓶身油垢巧清洗

厨房的调味料瓶、罐长期在厨房的油污环境下，染了一身的油污重垢，怎么擦都擦不干净，严重影响厨房的清洁。现在就教你用废物彻底清洁瓶子的方法。

STEP 1

搜集我们平常喝剩的咖啡渣，将它们装在容器中。

STEP 2

将咖啡渣装入旧丝袜中。

STEP 3

用装有咖啡渣的丝袜擦拭瓶口瓶身。

STEP 4

再用抹布蘸水擦拭瓶身，调味瓶就会焕然一新了。

STEP 1

在水中加入大半匙小苏打粉。

塑料饭盒里的油污很难清除干净，即使清除掉油污了，饭盒里也有一股难闻的味道。而小苏打是清洁除味的强力法宝，不妨来看看小苏打清洁饭盒的神奇功效。

油污饭盒巧清洗

STEP 2

将有油污的饭盒在水中浸泡约10分钟。

STEP 3

用小毛巾轻轻擦拭饭盒，就能轻松去除油污。

STEP 4

用清水冲净即可。

玻璃杯雾巧去除

玻璃杯使用久了就会有一层雾或污垢，而使用平时洗餐具的清洁剂与海绵刷又不易去除。那么，用什么方法处理会更有效呢？其实，以醋加盐来清洗便会取得惊人的效果。

STEP 1

准备适量的醋和盐。

STEP 2

以1：1的比例将醋与盐搅拌成糊状。

STEP 3

用旧牙刷蘸取糊状物刷遍杯子内壁。

STEP 4

最后用清水冲洗即可。

玻璃杯巧清洁

玻璃杯是家中常用的杯子，如红酒杯、啤酒杯等都是用玻璃制成的，这些玻璃杯看起来透明，且内部空间狭窄，要清洗起来，还真的不是那么容易。

STEP 1

在温水中加入少量的盐，充分拌匀。

STEP 2

再在温水中加入少量的醋，（最好用白醋）搅拌均匀。

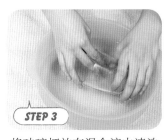

STEP 3

将玻璃杯放在混合液中清洗干净。

STEP 4

◀再用清水冲洗一遍。

用软布将玻璃杯上的水擦干即可。▶

STEP 5

茶垢巧清洗

STEP 1

先将茶杯用清水洗干净。

热水瓶、茶壶和茶杯用时间长了，就会出现茶垢。茶垢不仅看起来脏，还会直接影响到人体的健康。其实，清洗茶垢还是有窍门的。

STEP 2

在茶杯内侧涂抹上一层食用盐，特别是有茶垢的地方。

STEP 3

用小刷子用力刷洗茶杯。

STEP 4

最后再用清水冲洗干净。

洗碗盆巧清洁

洗碗盆使用时间久了，盆壁上就会沾上很厚的一层污渍，而且很难清洗干净。其实只需要洗洁精加去污粉就能帮你轻松搞定。

方法一：取一块干净的抹布挤上适量洗洁精，蘸上少许去污粉，仔细擦拭洗碗盆壁上的油渍，然后再用清水漂洗两遍即可。

方法二：如果没有去污粉，小苏打加醋也能起到大作用。将小苏打撒入盆内，加适量醋和热水，使盆壁上的污渍被淹没，浸泡数十分钟之后，只需用抹布轻轻擦洗即能将污渍去除。

洗碗盆在每次使用完之后，就马上用洗洁精清洗，就不会留下顽固的污渍了。

铝锅巧清洗

铝锅用久了，内壁就会积满垢，很多主妇常为这个而苦恼，其实，清洗铝锅也有窍门哦。

STEP 1

将苹果皮放入锅内，加少量水煮沸。

STEP 2

用苹果皮擦洗铝锅，由于果酸的作用，铝锅的垢会很容易除去。

铁锅巧清洗

铁锅使用久了，锅上积存的油垢就难以清除掉，不过，可以尝试用下面的方法：将新鲜的梨皮放在锅里加水煮一会儿，油垢就很容易清除了。

铁锅异味巧去除

刚买的新铁锅有一股异味，要去除这种异味，可向锅内放入适量盐，炒3～5分钟，异味即可去除。

不锈钢锅巧清洗

不锈钢锅一旦沾上黑垢很难刷洗。其实只要在较大的锅中加清水，投入一些柚子皮，再把较小的不锈钢锅放入，煮沸20分钟后，熄火，待冷拿出，锅就光亮如新了。

锅粘底巧去除

我们在做饭时使用的平底锅常会出现"锅粘底"的现象，这时怎么办呢？可将材料倒出，加清水盖过粘锅的面积，将锅放在火炉上小火煮片刻，然后熄火浸泡，隔一会再刷洗就可以轻易去除粘底物，而又不伤及锅本身。

油锅外壁的油污巧清洁

在灶台上准备一盆清水和一块百洁布。把百洁布用清水沾湿，同时将不锈钢锅加热，在加热过程中用沾湿的百洁布擦锅，这时您会发现不锈钢锅外边的油污就很容易擦掉了。用这个办法虽然很简单，但要注意安全，避免烫伤。

有些油污时间太久了会比较顽固，用这个办法就不起作用。没关系，还有一招：用牙膏和钢丝球来处理。把牙膏均匀地涂在不锈钢锅的油污处，待牙膏稍干以后用钢丝球擦油污处，这时顽固的油污也变得好对付了。

不粘锅首次使用前，要把标贴撕去，用清水冲洗并抹干，再涂上一层薄薄的食用油，然后清洗后方可使用。

烹调时应用耐热锦纶、塑料或木制的锅铲，避免尖锐的铲具或金属器具损害不粘锅的表面。

使用后须待温度稍降，再用清水洗涤。遇上顽固污迹，可以用热水加上洗洁精，用海绵清洗，切勿用粗糙的砂布或金属球大力洗擦。

砂锅用久了内壁就易结污垢，可向砂锅里倒入一些米

汤，浸泡片刻烧热，再用刷子把锅里的污垢刷净，最后用清水冲洗便可。

如果砂锅上沾染了油污，可以用喝剩的茶叶渣将砂锅的表面多擦拭几遍，就可以将油垢洗去。另外，砂锅的材质特殊，要等到砂锅冷了之后再清洗，而且不能用洗洁剂浸泡，以免污水渗入砂锅的毛细孔中。

胡萝卜营养丰富，是很多家庭餐桌上经常出现的菜肴。不少家庭做胡萝卜时，都把胡萝卜头扔掉了。

其实这个看似无用的东西有妙用——可擦洗锅盖。

锅盖用久了之后会蒙上一层油污，以前用钢丝球或者抹布擦洗，挺费劲的。这时把切菜时随手就准备扔掉的胡萝卜头留下来，在锅盖上有油污的地方滴上点洗洁精，然后用萝卜头来回这么一擦，油污立刻就去除了，再用湿抹布这么一抹，清水一冲洗，锅盖锃亮如新。

这样擦拭锅盖，丝毫不用担心会像钢丝球刷过后留下难看的刮痕。

菜刀在使用之后，如果不擦干就随意摆放，刀身很容易氧化生锈。如果菜儿生锈了，不妨试试下面的方法：

方法一：可以用做菜剩下的白萝卜擦拭刀身上的锈迹，然后再用干布擦干净或涂上少许油即可。

方法二：淘米剩下的水也可以用来去除刀锈，只需将刀身浸泡在淘米水中，半个小时之后用钢丝球就能轻松消除刀锈了。

藤编厨房用具日久积垢不仅影响外观，也很不卫生，但不宜用普通洗涤剂刷洗，以免损伤藤条。

藤编厨具巧清洗

最好使用盐水擦洗，不仅能够去污，还可使藤条柔软富有弹性。藤编用具上的灰尘，可用毛头软的刷子自网眼里由内向外拂去灰尘。

如果污迹太重，可用洗涤剂抹去，最后再干擦一遍。若是白色的藤编用具，最后再抹上一点醋，使之与洗涤剂中和，以防变色。用刷子蘸上小苏打水刷洗藤条，也可以除掉顽垢。

菜篮缝隙污垢巧去除

洗菜的篮子，即使每天都用水冲洗，上面也总是油腻腻、脏兮兮的，其实牙刷加面粉就能帮你很好地进行清洁。只需将牙刷蘸上少许面粉，仔细刷洗缝隙处，再冲洗干净即可。对于污渍比较厚的，可先用洗洁精浸泡10分钟再刷洗。

塑料保鲜盒消毒的方法

保证塑料保鲜盒清洁卫生，是确保人体健康、预防病从口入的重要环节。这里介绍一些简便的消毒方法。

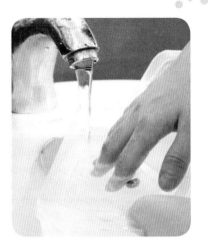

使用塑料保鲜盒前，可用开水浸泡一下，或者将塑料保鲜盒放入开水中煮沸约10分钟，一般细菌就会被杀灭。

另外，也可用漂白粉液浸泡：用一小匙漂白粉加两杯冷水的比例，配成漂白粉液，将洗净的塑料保鲜盒放入浸泡，两分钟后取出，用清水冲洗干净便可使用。

去火锅铜锈和污垢的方法

火锅的铜锈是有毒物质，它能溶于食物，进入人体会引起中毒。

所以在使用火锅前应仔细检查，如发现绿色铜锈，可用布蘸加盐的食醋擦拭，把铜锈彻底刷洗干净后再使用。

或者用160克细木屑、60克滑石粉、240克麦麸子，再加入50毫升的醋，拌成糊状，涂在生锈的地方，风干后，铜锈就脱掉了。

另外，铜锅、铜壶等铜制品有了污垢，可用绒布蘸少许柠檬汁或食盐擦拭，再用清水洗干净即可。

面粉巧去厨房油污

面粉去除油污的效果不比肥皂或洗涤剂差。厨房的油污或双手沾到的油，只要用少许面粉，便能清除干净。

比如炸完东西后的油锅特别难以清洗，这时，可以将面粉溶解在洗米水中，倒入锅中约八分满，再煮2~3分钟让它沸腾。之后只要倒掉锅内的水，再用清水冲洗2~3次，便能将锅洗得干干净净，效果惊人。

另外，一不小心把油泼洒到地板或灶面上时，若直接用抹布擦拭的话，会使油扩散开来，脏污面积加大。因此，在处理之前请先撒上一点面粉，让它吸收油分后再擦拭。这样，即可避免油污扩散，抹布也不会黏腻难以清洗。

此外，在餐桌上吃烤肉或油炸食品时，若桌面沾附油污，也可用相同方法清理，轻松省事。

砧板异味巧去除

砧板用后不及时清洗，就会产生异味，下面教你去除砧板异味的妙招：

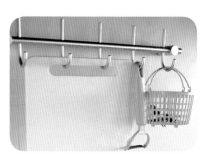

方法一：切完肉之后，将砧板浸泡在淘米水中10分钟，用盐水刷洗干净，再用热水冲洗即可。

方法二：切完肉之后，在砧板上喷上少许白醋，放置20~30分钟后再冲洗干净，这样不仅能杀灭砧板上残留的细菌，还能消除残留的异味。

方法三：小苏打是除臭好手，如果砧板上已经残留有异味，只需在上面撒上1~2勺小苏打，然后用清水冲洗干净即可。

厨房中的砧板很容易开裂。要想防止砧板开裂，买回新砧板后，应立即涂上食用油。

具体做法是：在砧板上下两面及周边涂上食用油，待油吸干后再涂，涂三四遍即可。

木砧板防裂小技巧

一般，砧板周边易开裂，可反复多涂几遍油，油干后即可使用。经过这样处理，砧板就不易出现裂痕。

因为油的渗透力强，又不易挥发，可以长期润泽木质，能防止砧板爆裂。此外，涂油还有防腐功能，砧板也因此经久耐用。

保持砧板卫生的窍门

保持砧板卫生要坚持生熟分开的原则。由于生菜上有较多的细菌和寄生虫卵，因此，砧板不可避免地要受

到污染，如果再用这样的砧板切熟食，就会使熟食污染。

砧板用过后，用硬板刷刷洗，将污物连同木屑一起洗掉。然后再用溶有食盐的洗米水或洗涤灵擦洗，最后用温水洗净即可。

砧板用一段时间后，可用菜刀将砧板上的木屑刮削一下，使砧板污物彻底清除，并可使砧板保持平整，便于使用。

海绵的清洁法

厨房用的海绵，时间久了，就会变得油腻发硬。其实只需一点醋就能让海绵恢复柔软清洁。下面就让我们来一起见证奇迹吧。

STEP 1

往海绵中倒点醋。

STEP 2

入温水中浸泡一会儿。

STEP 3

再用清水清洗，就会和新的一样柔软了。

厨房抹布是清洗的重点。因为厨房抹布常常处于潮湿的状态，很容易滋生细菌，一块抹布会滋生大约70亿个细菌，因此及时清洗抹布非常重要。可以用以下方法来清洗抹布：

抹布巧清洗

方法一：先将抹布用清水清洗干净，然后放到稀释的消毒液中浸泡半小时左右，然后再用清水冲洗干净，拧干，晾干即可。

方法二：可以将抹布放到容器中，倒入适量洗涤剂和清水，在炉火上煮约2分钟，关火，待凉后再用清水冲洗干净。

方法三：将抹布放在沸水锅中煮15分钟，最后用凉水冲洗干净。

清洗钢丝球的窍门

用钢丝球擦完锅底以后，钢丝球常是油腻腻的，缝隙中藏满了脏东西，这时再想把它洗干净，就会非常困难。

这时可以用火钳夹住钢丝球，放在火上烧。如果家里没有火钳，可以用小叉子叉住或用勺子挑住来烧。

烧时一定要注意安全，手里最好垫块抹布，尽量保证钢丝球受热均匀。

等钢丝球完全红透了，关火放在一边，待钢丝球自然冷却后，磕落上面的污垢。这样既清洁了钢丝球，又给钢丝球进行了高温消毒，一举两得。

水池巧清洁

水池污垢巧去除

厨房水池常常因较多油污通过而导致水池污垢较多，时间久了不仅气味难闻，而且也很难清洗。可以尝试以下方法来清洗水池，让水池焕然一新，并且没有异味。

方法一：将喝剩下的可乐或雪碧倒入水池中，用清洁海绵进行擦拭，再用清水冲洗一遍即可。

方法二：用抹布将肥皂水涂抹在水池内壁上，再用清洁海绵擦拭干净，最后用清水冲洗干净即可。

方法三：用橘子皮擦拭水池内壁，可以使水池内壁焕然一新。

方法四：清洗不锈钢的水池时，可以用清洁海绵蘸取适量面粉涂抹在水池内壁上，用力擦拭后再用清水冲洗干净便可。

水池的保洁方法

水池中的小滤网或小滤桶可以先用热水冲淋，再用牙刷蘸取洗洁精刷洗干净，这样就不会产生黏腻感，也不会产生臭味，可保持良好的过滤效果。

也可定期用大量的盐水去除长期油污造成的排水管异味。滚烫的剩油或汤水要倒掉的时候，勿直接倒入水池，以免排水管扭曲变形或破裂，应冷却后再丢弃。不锈钢的水池因材质而产生的锈斑，可用不锈钢质保养液擦拭，这样就会恢复原先亮晶晶的模样了。

水龙头巧清洗

厨房中的水龙头用久了会因氧化而变黑，甚至生锈。让水龙头恢复亮丽的光泽可以用以下四种方法：

方法一：先将干抹布蘸取少许面粉擦拭水龙头，然后再用湿抹布擦拭一遍，最后用清水冲洗干净即可。

方法二：将湿抹布蘸取少许香烟灰，反复擦拭水龙头，最后再用清水冲洗干净，这样也能使水龙头变得干净有光泽。

方法三：取一块橙子皮，用橙子皮反复擦拭水龙头后再用清水冲洗干净即可。

方法四：可以在水龙头上淋少许白醋，5分钟后再用湿抹布擦拭干净即可。

水池缝隙巧处理

水池缝隙是卫生死角，用抹布是很难彻底清洗干净的。那就试试下面的方法吧。

方法一：将用剩的肥皂放在丝袜里，在水池的缝隙处用力刷几下，然后用废旧的牙刷刷洗，最后用水冲洗干净即可。

方法二：用废旧的牙刷蘸上细盐加小苏打刷洗水池的缝隙，再用清水冲洗干净，就会发现水池的缝隙处也焕然一新了。

厨房排水管道巧清洁

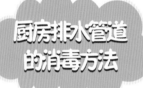

厨房排水管道的消毒方法

厨房排水管道是家里最脏的地方了，十分容易滋生害虫，如果不定期清洁、消毒，甚至会影响家人的健康。它可能就是

"万恶之源"哦。可以用以下方法来清洗排水管道。

方法一：先将排水管道清洗干净，再用消毒水进行消毒，然后将排水管封闭一段时间即可。

方法二：如果没有消毒水的话，经常用开水冲洗下水道也不失为一个好方法。

厨房排水管道即使不堵塞，也总是散发着一股难闻的气味，到了夏天会更加让人难受。下面就教你一种简单、实惠又有效的方法，只需要

厨房排水管道异味巧除法

柚子皮就能解决你的烦恼。具体做法如下：

①先将柚子皮切成小块放入锅中用清水煮开约3分钟。

②然后把柚子皮捞出，趁热将水慢慢倒入排水管道即可。

每周冲洗1~2次就可以了，不但能去除排水管道的怪味，而且还能去除排水管道内壁上的油垢。如果没有新鲜的柚子皮，可以在每次吃柚子的时候把柚子皮晒干，用的时候就拿出来用水煮开就可以了。

厨房排水管油污巧去除

厨房中的排水管常常会因倒入了剩余汤汁而积存了大量油垢，如何去除排水管的油污呢？下面可以尝试两种方法。

方法一：将适量咖啡渣倒入水槽中，再用水冲进排水管中，可以有效去除排水管中的油污，还可以去除排水管散发的异味。

方法二：还可以在排水管口倒入适量小苏打，然后淋入适量白醋，再用水冲进排水管中，这种方法去污去味很有效，因为小苏打和白醋会发生酸碱反应，从而产生很多气泡，这些气泡可以化解排水管中的油污，再用适量热水冲洗一遍即可。

厨房排水管道堵塞应急处理法

厨房排水管道堵塞是家中经常发生的事情，如何快速有效地处理管道堵塞呢？可以尝试用以下两种方法。

方法一：取一个废旧饮料瓶，将瓶口塞入排水口，尽量让瓶身和排水口的四周紧密贴合在一起，然后用手捏住瓶身再松开，反复五六次，堵塞的管道便能畅通无阻了。

方法二：还可以用吹风机开热风吹管道，因为热风可以溶解水管内壁的污垢，最后再用热水冲洗一遍即可。

烹饪台面巧清洁

不绣钢灶台巧清洗

家里的不锈钢灶台使用时间长了，四周最容易积藏污垢。传统的清洁方法虽然清洁了灶台，但是容易留下刮痕。那么该怎么做才能既不造成刮痕又能除垢呢？可尝试用下面的方法：

方法一：用切开的白萝卜搭配清洁剂擦洗厨房灶台面，将会产生意想不到的清洁效果。

方法二：做饭剩下的黄瓜头和胡萝卜也有相同的功效，只需将其用叉子穿着在火上烤一会儿，然后直接用来擦拭不锈钢灶台即可。

方法三：将小苏打加水调成糊状，然后用抹布蘸上些许擦拭灶台上的污迹，再用湿抹布清洗干净即可。

上面的方法实用又简单，不妨试试吧。

煤气灶巧清洗

煤气灶台使用久了，也该帮它去去污了。

台面先用面纸巾覆盖在上面，再用浴厨清洁剂喷湿，过一会儿后，擦洗干净即可。再将炉嘴和炉架卸下，用毛巾轻轻擦拭之后，用纸巾覆住，喷上清洁剂，过会儿再清洗，就干净了。

燃气灶具
油渍巧清洗

燃气灶使用时间长了难免留下油渍、污迹，这些清洁起来也是有妙招的。

清洁燃气灶上的油渍，可用抹布蘸上适量煤油，然后擦拭油污处就可以了。

要想去除燃气灶上的陈年污迹，先喷洒一点油污清洁剂，然后再用报纸或者湿布擦拭几下就干净了。如果要去除新的油迹，只需趁热用抹布擦几下就干净了。

巧除瓷砖烹
饪台铁锈

烹饪台上有铁锈斑存在时，既难以清洗又影响美观。不过下面方法可以对付它，具体方法为：

①先将5份草酸和100份水混合均匀，制成清洗液。

②将草酸水的混合液加热至烫手，然后用干净的抹布蘸上少许后，擦洗铁锈斑。

③在铁锈斑去掉后，再用5%的氨水洗一遍，最后用水清洗，直至清除异味即可。

巧除大理石脂肪污迹

当大理石上有脂肪污迹存在时，如何快速有效地清洁呢？可尝试下面的方法。

方法一：先用汽油将粉状白黏土调至糊状，再用软布蘸此糊剂刷脂肪斑，即可去除污迹。

方法二：也可以采用浓度为5％的苏打水溶液或者浓度为5％的氨水擦洗。

汽油、氨水的气味都比较浓烈，可将大理石上的污迹擦拭干净之后，用清水多擦洗几遍，直到气味彻底清除。

大理石煤油迹清洗窍门

当大理石上沾有煤油痕迹时，怎样才能不留痕迹地使它光洁如新呢？不妨尝试下面的方法。

可先用苏打2份、浮石粉1份、石灰1份混合均匀，再用适量的水调成糊状。这就是去煤油污渍的秘密武器了。清洗时，只需将此糊剂加热至烫手的温度，然后再涂在煤油污迹之处，最后擦干净即可。

厨房电器巧清洁

电热水瓶水垢巧去除

电热水瓶使用一段时间之后就会沉积一层水垢，不仅难以清洁，还会影响水质的口感。

要想快速有效地去除电热水瓶中的水垢，就巧妙用醋吧！

STEP 1

先向电热水瓶内倒入八九分满的水。

STEP 2

再倒入一点醋。

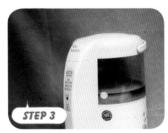

STEP 3

将水煮沸，切断电源，放置1小时，醋中所含的醋酸能有效去除水垢。

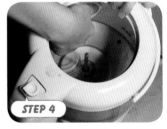

STEP 4

最后用海绵刷擦拭，即可轻松擦掉水垢，彻底清洁电热水瓶。

面包机使用时间久了，上面就会残留很多油脂印和手印。下面就教你怎么清理掉这些污渍。

可以用软布蘸上少许醋来清洗，就能有效去除面包机表面残留的油渍和指纹痕迹。如果烤面包时不小心残留了面包碎屑，记得要将电源拔掉，然后用软毛刷将面包屑清理干净。如果不清理掉的话，下次烤面包时就会有烟味。

烤面包机巧清洗

电饭锅底米饭巧去除

电饭锅使用的时间长了，煲米饭后锅底就容易出现锅巴，很难清洗干净，如果用蛮力又容易将锅底蹭坏。下面这个方法帮你轻松轻松解决此事。

STEP 1

将适量米酒倒入锅里，以盖住锅底为宜。

STEP 2

浸泡几分钟后就可以轻松去除粘着的锅底了。

电饭煲用久了就会失去光泽，看起来，不仅不美观，还会因此而影响人的食欲。现在教你一个小小的办法，让你的电饭煲在几分钟内就变得"靓丽"起来！

电饭煲巧清洁

STEP 1

泡一杯红茶。

STEP 2

取出泡过的红茶包。

STEP 3

用泡过开水的红茶包，擦拭电饭煲外表（如图），不要遗漏死角。

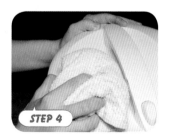

STEP 4

◀ 再用干抹布擦拭电饭煲。

最后，你会发现电饭煲换了一副"新面孔"了哦！ ▶

STEP 5

微波炉的清洁方法

　　微波炉使用时间久了，内壁就会吸附上很多油污，不仅会使炉内气味混杂，还会影响其加热效率。但是油污清洁起来也不那么容易，下面教你一个妙招，赶紧来学学吧。

　　先将滴有洗洁精的小碗水放入微波炉内，然后加热5分钟，让带有洗洁精的水蒸气附着在微波炉内壁，使内壁的油污软化。然后找一张卡片就能轻松将内壁的油污刮下来了。最后只需用湿抹布擦拭一遍，待其自然风干即可。

巧除微波炉内的异味

　　用微波炉烹饪或加热食品之后，炉腔内往往容易留有异味。直接用水清洗又会显得太过麻烦，而且也不一定能消除气味。下面教你巧用柠檬除异味，还能留下清香的柠檬果味呢。

STEP 1

用玻璃杯或碗盛上半杯清水，再向清水中加入少许柠檬汁或食醋。

STEP 2

放入微波炉中。

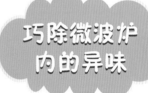

STEP 3

用大功率煮至水沸腾。

STEP 4

待杯或碗中的水稍微冷却后取出，再用湿毛巾擦抹炉腔四壁，吸净水分即可。

烤箱巧清洁

烤箱除了拆卸的部分，其他部分都不能直接用水冲洗，所以清洗的时候要格外小心。具体清洁方法为：

①使用完烤箱后，先将烤箱内的焦屑完全清扫干净。

②在污渍处撒下苏打粉，停留片刻，使污垢彻底被软化。

③再用海绵或用水调苏打粉去擦拭污垢，这样就能在不遇水的情况下轻松搞定烤箱内的污垢了。

如果你还在为烤箱内的"油哈味"烦恼，不妨试试下面的方法。

烤箱"油哈味"巧去除

①放一碗柠檬水或1:1的白醋水，敞开容器后用100℃左右的温度干烤10分钟。

②待烤盘冷却后将50毫升温水和少量洗洁精倒入烤盘中，盖上烤盘盖并插上插头，调时间旋钮至10分钟，热风循环可以自动清洁烤盘内的污垢。

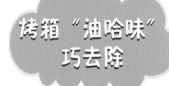

③拔下插头等烤盘冷却后，再用温水冲洗烤盘，味道即可去除。

要预防油哈味，减轻清洁烤箱的负担也很简单：给可能在烤制过程中飞进热油的荤食包上锡箔纸，不仅能保证外脆内嫩，而且不会把烤箱弄得油迹斑斑。

冰箱巧清洁

STEP 1

根据冰箱保鲜盒的大小剪成适当的高度。

STEP 2

把盒子排放在冰箱的保鲜盒中即可。

　　冰箱是我们储存食物的主要地方，因此对它的清洁是丝毫不能马虎的。下面教你一个小妙招，帮你轻松省去许多清洁的功夫。

　　平时用过的纸盒不要扔掉，它可以用来清洁冰箱。如上图将废纸盒安置在冰箱中，这样买回的生鲜食材就可以直接放在纸盒中，不用担心食物上残留的细菌直接接触到冰箱内壁。而吃剩的饭菜用保鲜膜包好之后直接放在纸箱中，这样就不怕菜汤倒在冰箱内壁上了。

　　每周定期更换纸箱，然后用湿抹布擦洗保鲜盒内部，这样可以保证冰箱内部的清洁，不用每次都大动干戈了。

STEP 1

切断电源，取出冷冻室的食品放入冷藏室。

　　冰箱里厚厚的冰霜，如果不及时清理的话，不仅会占用冰箱冷冻室内的面积，而且还非常耗电，但是在给冰箱除霜时，通常很费时间，其实只要掌握一些方法，就很容易了。

冰箱结霜巧去除

STEP 2

视冷冻室大小，在冰箱内放一碗热水，等待5～6分钟。

STEP 3

室内冰霜会自然脱落，可用毛巾擦干水分。如霜未化完，可再换一次热水。

STEP 4

冷冻室化霜擦干后，在其内、外壁均匀涂上一层食用油，可使冷冻室4个月左右不结霜。

冰箱污渍巧去除

一般家庭的冰箱都缺乏足够的清洁，这会使冰箱表面布满污渍，看起来不美观。

其实，日常必备用品——牙膏，就能清洁冰箱的外壳。首先，用抹布将冰箱外壳清洗一遍。再准备一块清洁海绵（注意不能太湿），将牙膏挤在海绵块上，然后擦拭冰箱上残留的污渍，最后用湿抹布擦掉牙膏印即可。这样冰箱就焕然一新了。

巧防冰箱内霉菌

冰箱使用不当常容易引起霉菌的滋生，下面就教你一些防霉小窍门，赶紧学学吧。

热的食物应该冷却后再放入冰箱，这样可减少箱内潮气；防止菜汤、酱油等洒在冰箱内，一旦沾上，应立即擦洗干净；不要让熟食直接接触电冰箱内胆；电冰箱暂时停用时，应擦拭干净，箱门应当留一定缝隙，使冰箱内潮气能够排出。

电磁炉巧清洗

STEP 1

将牙膏点在电磁炉上。

STEP 2

用芹菜擦电磁炉。

STEP 3

然后用湿抹布擦拭。

STEP 4

最后用干抹布擦干即可。

妈妈总是一个人包揽了全部的家务活。虽然洗电磁炉不是很累的活，但是一个人清洁起来却很费力、麻烦，这里要教给广大在职妈妈和未来的妈妈一个洗电磁炉的绝招。

抽油烟机巧清洗

把餐巾纸浸泡在废油里到浸透为止，接下来用浸了油的纸巾擦抹抽油烟机上的油污，再用热水冲洗一下就可以了。而油污较重的扇页和护栏处，需将餐巾纸放置5分钟，等完全浸透后再擦洗，油渍就更容易去除了。

巧洗抽油烟机的油盒

很多家庭都有这样的烦恼，厨房里抽油烟机的油盒是很难清洁的部分，其实，只要事先在油盒中灌入一些水问题就解决了，因为油的比重比水轻，所以油滴自然就会浮在水面上，而不再像以往一样腻在盒子的四壁，清理时只要倒掉水就可以了。

巧除抽油烟机风扇油污

　　抽油烟机风扇处易积藏油污，且不易清洁。但却有窍门可寻，具体方法是：把吹风机开到最大，然后将吹风机伸到抽油烟机里面，紧挨着风扇吹风。吹的时候要注意，先横向吹，再纵向吹，让风扇的任何部位都能均匀地受热。一般情况下，这个过程需要半小时。时间到了，然后依然用刷子蘸少量的水，刷洗抽油烟机的风扇。刷完了用干净的湿抹布再将风扇擦洗一遍即可。

巧除抽油烟机风扇罩油污

　　抽油烟机用久了，风扇罩上的油污也不少，我们同样把吹风机开到最大的功率，紧贴着风扇罩吹风。先横向吹，再纵向吹，一面吹完了，用同样的方法吹另一面。然后把这个风扇罩放在加了洗涤剂的水里，用抹布或者刷子进行洗涤，油污就较易洗去了。

排气扇油垢巧清洁

　　拆下排气扇，用棉纱裹锯末，或直接用手抓锯末擦拭，油垢越厚越易擦掉。擦拭后用清水冲洗擦干；或拆下排气扇叶片，泡在温水中，滴上几滴洗涤剂，再加上50毫升食醋，浸15～20分钟后，用干净的抹布擦洗，即可将油垢擦洗干净。

洗碗机用久了，内部会沉积一些残渣和脏物，所以洗碗机在使用完之后也是需要清洁的。可以使用下面的方法。

方法一：清洁水垢。洗碗机是将水加热之后进行清洁，用久了难免会产生水垢，只需要加醋或者柠檬水，就能将洗碗机内的水垢清除了。

方法二：去除铁锈。洗碗机如果经常得不到通风干燥，就容易产生铁锈。可以直接用炊具除锈剂清洗或者用苏打水清洗几遍即可。

很多家庭都有消毒柜，消毒柜的清洁和保养也显得尤为重要。

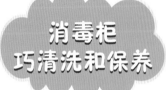

消毒柜的清洗

清洗消毒柜时一定要先拔掉电源，将消毒柜下端的水倒出来，然后用干抹布擦干净，再用干净的湿抹布蘸取少许洗洁精轻轻擦拭消毒柜内外的表面，最后用干抹布擦干水分即可。

消毒柜的保养

消毒柜是通过红外发热管通电加热，使消毒柜内的温度上升至200℃左右，从而达到消毒的作用的。消毒柜内的红外线加热管的电极会因为潮湿而发生氧化现象。因此，在使用消毒柜的时候一定要注意，务必将餐具擦干后再放入消毒柜内。否则，消毒柜内的各个电器元件就容易受潮湿水分影响而氧化，一旦通电就容易烧坏电器元件。

由于绞肉机不怎么使用，所以每次使用完之后一定要清洗干净。

其实只需在绞肉机绞完肉后，放入一块面包或馒头再绞一下，便可以带出滞留在机内的油脂、肉末，这样再进行清洗就很容易了。

自动豆浆机的清洗

　　清洗豆浆机时，先等桶内温度降至不烫手，或用冷水快速将其冷却，然后顺时针旋松，取下渣浆分离器，倒掉制浆后的豆渣，并用清水、毛刷轻轻地冲刷分离器的表面。

　　自动豆浆机的电加热器如结垢严重，可用毛刷对其进行刷洗，若一时无法刷去，可用冷水浸泡一段时间后再清洗，然后倒掉清洗后的桶内余水，再稍加清水洗一下倒掉即可。此外，还可以用烧煮开水的办法去除电加热器表面垢层。

榨汁机巧清洗

　　用榨汁机搅打蔬果后，搅拌刀上常常会残留一些蔬果的残渣，这些残渣比较难清洗，如果清理不当还会导致榨汁机中散发异味。

　　可于每次用完榨汁机后，放入少许鸡蛋壳、洗洁精和适量清水，快速搅打1分钟，再用清水冲洗干净即可有效去除榨汁机内的蔬果残渣。

咖啡机巧清洗

　　很多家庭都有咖啡机。咖啡机一定要定期清洗，最好是半个月左右清洗一次，否则时间长了再清洗就困难了。判断是否需要清洗时，可以检查蒸汽的气压，当蒸汽的气压不理想的时候就要清洗了。可以尝试下面方法：

　　可以用白醋兑清水1：1的比例制成混合溶液，然后再清洗咖啡机，最后再用清水冲洗干净即可。

厨房墙面、地面、垃圾桶巧清洁

墙面油污巧清洁

保鲜膜是我们最熟悉不过的厨房用品了。它除了具有包装食物、保持食物新鲜的作用外，还具有防污的作用。这种方法不仅操作简单，而且十分省事。

大家都知道，厨房临近灶台上的墙面非常容易脏，如果在此贴上保鲜膜，这个烦恼就减少了。由于保鲜膜具有容易附着的特点，加上呈透明状，肉眼不易察觉，所以，数星期后待保鲜膜上沾满油污，只需轻轻将保鲜膜撕下，重新再铺上一层即可让墙面保持亮洁，丝毫不费力。

烹饪时飞溅到墙壁上的油渍，若未即时处理，时间一久，就会形成一点点的黄斑。

如何清除厨房里瓷砖上的油迹

此时，可以在墙壁上喷一些清洁剂，再贴上厨房纸巾，约过15分钟后，再进行擦拭。或是直接将少量的清洁剂倒在菜布上，擦拭黄斑后再用清水冲洗。至于磁砖缝等较难清洗的地方，则可借助旧牙刷刷洗，既省力又省时。

巧除厨房瓷砖接缝处的黑垢

厨房是最易藏污纳垢的地方，由于油污对灰尘的吸附作用，最后就容易在瓷砖接缝处形成大量黑垢。其实只需要一把牙刷就能帮你轻松解决这些黑垢。

先在刷子上挤适量的牙膏，然后直接刷洗瓷砖的接缝处。牙膏的量，可以根据瓷砖接缝处油污的实际情况来决定。如果瓷砖接缝处的方向是纵向的，在刷洗的时候，也应该纵向刷洗，这样才能把油污刷干净。

如何清理厨房纱窗

伴随着厨房长时间的使用，厨房纱窗便成为了吸油烟最厉害的地方，清洁起来总是无从下手。下面教你一个简单的好方法。

先取些面粉，再放些水，用力地搅拌，打成稀面糊。然后把稀面糊赶快涂在纱窗的两面，再把它抹均匀，等待10分钟。此时面糊已糊上了纱窗上的油腻物，再用刷子反复刷上几次，油污就会随面粉一起脱落下来了。

墙角异味
巧去除

厨房墙角是死角，如果不经常清扫，常常会产生难闻的异味。可以用以下方法巧除墙角异味。

方法一：向锅中加少许食醋，加热后让其蒸发，产生的雾气散发到厨房墙角可以有效去除异味，这种方法非常有效，而且还可以有效杀菌。

方法二：取少许山药皮放入锅中，加少许水煮5分钟，然后将水倒入喷壶中，再将喷壶中的山药水喷在墙角，也可以有效除臭去异味，还可以有效杀菌。

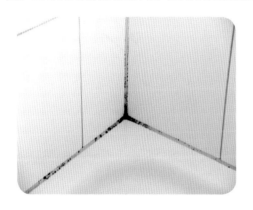

垃圾桶是最容易滋生细菌和异味的地方，如果不及时清理垃圾桶，那么各种异味和细菌都会产生。以下介绍的三种方法可以有效去除垃圾桶细菌。

厨房垃圾桶
除菌法

方法一：在垃圾桶内放入几颗樟脑丸，不仅可以驱虫杀菌，还可以除去垃圾桶的异味。

方法二：在垃圾桶底部放入2～3包干燥剂，不仅可以吸收垃圾桶内的水分，还可以有效除菌、去异味。

方法三：将垃圾桶内的垃圾清除后，用清水冲洗干净，再放入阳光下晾干，可以有效消菌。

厨房收纳有妙招

厨房空间的合理利用

厨房的物品一般来说都比较多，如果统统都摆放在台面上，会给人杂乱无章的感觉。下面的方法可帮您合理利用厨房空间。

方法一：水池下方的地柜，可以用来摆放不怎么使用或者比较笨重的厨具。

方法二：不常用的物品可以放在下面的橱柜里面，让台面显得既干净又整洁。

方法三：吃饭的桌子不用时可以摆在一边，椅子可放在底下。这样，一个合理的摆放空间就形成了。

宽大的空间、典雅的色彩、完备齐全的用具，能给人一种视觉上的享受。

中间吊挂处（空间的有效点缀）：在房子的中间做一根横梁，在横梁的上方放盆钵等器皿，下方装上钩子，把带柄可挂物都挂在钩子上。这样不仅利用了空间，还能给人视觉上的美感。

厨房巧摆设

柜子间的空隙处：可以放几个箱子，装烹饪调料之类的，篮子可放些水果。

靠墙的分层柜子：在靠墙的地方装一个分层柜子，把酒、油、浸泡物、各类器皿等分类摆放在上面，看起来有点杂却并不乱。

四方桌：桌子放厨房中间，摆上椅子，桌上放咖啡壶、盘子等，显得既有情调又增添气氛。

厨房巧收纳

厨房应该体现坚固、亮洁、清爽、有序的特点，给人光亮、干净、细致的感觉。

碗柜处：碗柜改变了以前的传统吊柜形式，将碗、盘子、碟子分层摆放，显得干净、整齐，壁柜只需轻轻一拉就能很方便地拿到所需用具。

立柜在厨房中占用的体积较大，所以它的收纳空间相对来说也就比较宽裕，收纳物品的能力自然比较强。

巧用立柜收纳

一般来说，可以把它作为储藏柜来运用，不太常用的物品都可以收纳进这个"庞然大物"中，既节约了空间，又使厨房显得整齐利落。而且，立柜中的隔板间距都是可以调节的，其中还设有通体筐，是最高的收纳篮，它和橱柜一般高，适合将瓶罐类物品分类储存，决不杂乱。

巧用网格收纳架收纳厨房用品

厨房里的小物件特别多，堆放在一起虽然不占空间，但很不卫生，要用时也不方便。网格收纳架有很好的"包容性"，借助它就很容易解决这些问题！

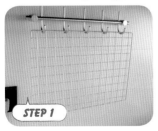

STEP 1

在厨房的挂物架上挂上一个网格架。

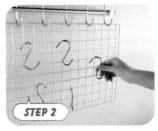

STEP 2

在网格架上挂几个钩，就能挂东西。

STEP 3

可以将剪刀、开瓶器、刷子等小物件挂在上面。

在狭窄的厨房里，水槽下的空间是很珍贵的收存场所。但是排水管已经把空间分成两部分了，怎么办呢？动一下脑筋就可以

巧用水槽下的空间

很好地利用这个空间了。

方法一：把水管分成的两部分，左边放个架子，上面放铁煎锅下面放盆子；右部分放个架子，下面可以用来收存锅盖，上面放零食罐子。

方法二：如果将一侧柜子空隙做得够大，那就可以在中间安装一个可活动金属篮，这样就可以用来放最随手取放的东西，如调料罐及碗碟。

灶台下空间巧利用

灶台下的空间很大，但即使如此，我们却还是常常觉得厨房空间太小，让人会有种压抑感，有没有什么方法能让空间变大呢？

平时大家会把大锅、平底锅、水壶等比较大的器具放在灶台的水槽下面。在这里整理物品时，最碍事的是水槽的排水管，特别是在灶台很小的情况下，当你在这里放了几个锅以后，就不能再放进任何东西了。

怎样利用灶台下面的这块空间呢？解决方法就是安装一个专门用于灶台下面的组合式架子，在大超市或厨房用品店很容易买得到，这样一来可以用很简单的方法来解决柜子的整理问题了。

另外，在整理灶台下物品的时候，要把常用的放在上面一层。因为当你站在灶台前边时，需要弯腰取物，所以放在上层要比中间更方便使用。

巧用厨房间隙收存小物品

在厨房的橱柜和地板之间有些间隙，我们可以在这个间隙之间收藏很多的东西，例如瓶装咖喱粉、辣椒面或调味品类罐头、橄榄油、沙丁鱼罐头等矮瓶子、罐头类物品。

另外，如果家里有很多细小的东西，可以把它们一起装在铝箔浅盆子里收存起来放在里面。如果怕这些影响美观或是家里有不懂事的小孩子，可以用帘子遮盖。

注意：在经常要打扫的门框下面和水槽、煤气炉下不要放东西。因为水槽和煤气炉下面的间隙是做饭或洗碗时放脚尖部分的场所。

将烹煮三餐常会用到的厨具（比如刀子、铲子、勺子等），挂在显眼的地方，不仅用时拿取很便利，而且有利于厨具上水分的自然蒸发，如果摆放得整齐，还会有一番另类的整体美感。

吊挂常使用的厨具

这时金属挂件的出现就能帮你收纳厨房中那些零散但又必需的小东西，或者在墙面上安装横杆、挂钩，以便放置可吊挂式物品和工具。另外，在安排这些横杆、挂钩时要考虑到自我的使用习惯，这样用起来才会更顺手。

用文件篮收纳厨房

STEP 1

STEP 2

文件篮不仅可以收纳文件，还可以收纳厨房。

厨房里的瓶瓶罐罐特别地多，直接放在台面上，时间一长，台面上很容易粘上油渍，清洗起来很不方便，用纸张垫在文件篮里就省事多了，看起来也美观。

再将调料罐按照高低顺序一一摆放，便于取用。

保鲜膜盒巧收纳

用完了的矿泉水瓶不要随便扔掉，用它来做保鲜膜盒是很好的材料。

下面就教您一个小技能，只需简单几步就能制作出好看又实用的保鲜膜收纳盒。

STEP 1

用刀片把矿泉水瓶子的下部分截掉。

STEP 2

在截下的部分上用包装纸包好，使其变得美观。

STEP 3

再在侧面用刀片开一个孔。

STEP 4

◀ 依照前三步，再做2个同样的瓶子，把3个瓶子粘在一起。

这样就可以用来收纳保鲜膜等厨房小用具了。 ▶

STEP 5

瓷用餐具摆放不当，就会让它粉身碎骨。可保护它还是有秘密武器的哦。我们买水果时的网套不要扔掉，用来保护餐具再好不过了。此外，纸巾也是不错的选择。下面就教您变废为宝，巧妙地将餐具保护起来吧。

水果网套保护餐具

方法一

◀ 把碗用水果网袋包好，能防止碰撞受损。

在每个餐盘间夹一张餐巾纸，就可以避免盘子间因直接接触而撞裂。 ▶

方法二

厨房小物品是最多最杂的，收纳时不容易，找起来也很麻烦。

小物品最好竖立放置，这样找起来会方便很多，而且又能节省空间，让厨房看起来更加错落有致。

下面就教你利用家里废弃的小纸盒制作出厨房摆放小物件的收纳盒。

竖立放置 厨房小物品

STEP 1

将已开口的牛奶包装盒的一面根据使用的需要剪去。

STEP 2

依照盒子的大小裁减包装纸，然后给纸盒上包上剪好的包装纸。

STEP 3

只要把几个牛奶包装盒粘在一起，就可以放筷子和搅拌用具之类的小物品了。

厨房里的调料瓶五花八门，有时找起来有点难度，一不小心还容易摔破，于家庭主妇而言真是件头痛的事情。

用收纳篮来装瓶瓶罐罐就是个不错的选择，这样既实用又美观。动动你的手让厨房整洁起来吧！

收纳篮装 瓶瓶罐罐

STEP 1

备齐收纳篮、调味品。

STEP 2

把调味品按照大小、形状、高矮合理搭配放置。

STEP 3

调料包可夹在篮筐边上。

调味包巧收纳

STEP 1

先将开封的调味包的开口处折好。

STEP 2

用晾衣架夹夹好，放好即可。

调味包开封后容易变味或者过期，不小心还会打翻。要解决这个问题很简单，将已经开封的调味包用夹子夹好，放在冰箱门的置物格上，打开门就会看到，比较容易记得。

咖啡杯子一般都是有柄的，叠放不安全，倒放又占空间。在此给你介绍一种收存咖啡杯的好方法。

方法一：在餐具柜的间隔板上，把钥匙型螺丝钉或吊钩固定在隔板上。适当调整吊钩之间的距离，就可以把咖啡杯吊在里面了。上面挂杯子，下面可放盘子、碗筷之类的东西，充分利用柜子空间。

方法二：把挂窗帘用的窗帘棍或者滑进式杯架安在隔板的前半部分。把咖啡杯朝左或朝右挂上面就可以节省空间了。

把咖啡杯挂在稳固的杯架上

厨房里的粉类、豆类收纳起来很是麻烦，用塑料袋装起来放在抽屉，要用时找起来又不方便。其实你可以利用每次喝完的果汁瓶解决这个问题。

用瓶罐收纳厨房用品

STEP 1

把要收纳的粉类、豆类顺着瓶口倒入瓶中。

STEP 2

剪下包装名称与保存日期，用透明胶带粘在瓶身上，这样找起来就很方便了。

海绵洗碗布的放置

洗碗布每天都要接触我们吃的碗筷，所以保证洗碗布的清洁，对维护我们的健康有很重要的作用。

海绵洗碗布是家里最常用的一种，使用起来很方便，但是它的放置却让很多人头痛。如果摆放的方式或者位置不好，就容易滋生细菌。其实可以用废弃的矿泉水瓶来收纳海绵洗碗布，这样省事、省钱又放心。

STEP 1

把矿泉水瓶洗净，上端用剪刀剪下来备用。

STEP 2

把海绵洗碗布放进剪好的矿泉水瓶开口处即可。

STEP 3

厨房用的海绵洗碗布是每个家庭都要用到的，可以用矿泉水瓶把它放在水池旁边的铁杆上。

砧板是厨房必备的，会经常使用，并且要经常清洗，但是如果湿漉漉地收到柜子里，就容易滋生细菌，还容易长虫子，想起来都是件恐怖的事。

下面就教你一些小方法来收纳砧板，这样既方便、干净又美观。

砧板的收纳

方法一：把"L"形书档固定在厨房橱柜水龙头的旁边，把砧板卡在"L"形书档当中。

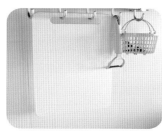

方法二：把砧板挂在挂钩上。

方法三：运用"S"形挂钩，把砧板挂在橱柜的把手上。

厨房电器的摆放方法

厨房总是有电饭锅、咖啡机、烤面包机、洗碗机、果菜榨汁机等小家电，摆放这些小家电颇需要花费一番心思。

电器的摆放位置可以根据使用频率来确定，这样方便取放。摆放尽量按照轻上重下的原则，这样挪动也不会很困难。

另外要考虑的就是这些小家电不能浸到水，所以离水槽处要有一定的距离，同时有些厨具厂商会再设计一道活动铝卷帘或是电动玻璃门片，以此遮饰家电用品并解决油烟沾染问题，使厨房呈现整体感。

厨房餐具的收纳

可将大大小小的柜子，分成不同的层次，分门别类地将厨具摆放在固定的位子上，让厨具多而不杂乱。

两边的多层格子：左边放碗具，右边放盆具，使用频率高的放中间层，少的放上下层。去污用品也合理地摆放在狭小的空间，使厨房显得紧凑。

抽屉：抽屉里放盘子最为安全，用起来只需要拉开抽屉就行了。用塑料筐把酱油、醋等物品装起来也放到抽屉里，这样将抽屉的功能很好地发挥出来了。

厨房盆具的收纳

　　厨房中的盆具颇占空间，如果随意乱放，或放置不当，都会很占厨房中本就不大的空间。我们可以用柜子来收纳盆具。厨房中的柜子一般会分成不同的格子，可将不同类型的盆具叠在一起，分层摆设，既省空间又有卫生保障。

　　①如右图，将我们平常用得不多的、比较大的盆具放在柜子的最底层。

　　②将一些体积较小、重量轻且易于拿取的盆具放在上层，能叠放在一起的尽量叠放在一起，这样会节省很多空间。

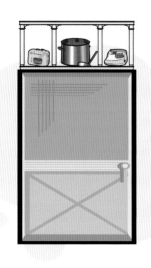

冰箱上也能收藏物品

　　看到冰箱上的空间，没有将它巧妙地运用起来，作为巧主妇的你有没有觉得心里痒痒呢？

　　冰箱上的空间还是挺大的，可以用来放置一些不经常使用的物品，如烤肉锅、电熨斗等。如果能在冰箱上使用支杆摆放，这样就更方便了，可以随时取下自己需要的东西，清洁起来也很快捷。为了美观，还可以挂上与冰箱颜色搭调的帘子，这样是不是让冰箱看起来也更别具一格呢。

冰箱抽屉物品的摆放

我们平时用冰箱保存东西时，很容易就将冰箱塞满了，其实，只要稍加整理，冰箱还是会有很大空间的。

冰箱抽屉里的物品要竖着摆放，不要把物品摞起来，这样在找东西时就不用花很多时间。

冷藏食物的时候，要注意时间顺序，晚放的一定要放在后面，食用时从前面开始，这样就不用担心冷藏食品放置时间过长而影响食品的口感。另外，相同的食品不要摆成横排，一定要从里到外，这样在摆放时就能让人知道摆的有哪些种类，同时我们自己也可以利用纸盒。自己动手做能装瓶子的盒子，切口用胶布粘上，然后竖着放，这样抽出来也很方便。

蔬菜在冰箱的收纳

蔬菜买回后要去掉一部分老叶、黄叶再行收纳。同时要保证菜叶之间有一定的空隙，可防止菜叶因内部湿度过高而腐坏。

除泥后的蔬菜不要水洗，可分门别类放入塑料袋，袋口不必全封，保留空隙让其自由呼吸。也可以购买专用的蔬果收纳架放入冰箱，将整棵的蔬菜直立地放置在收纳架上，不仅能保鲜，还可避免互相挤压。另外像韭菜、洋葱、胡萝卜等气味特殊的蔬菜可用保鲜膜包裹捆起来，以避免气味在冰箱中扩散。

根茎类蔬菜如土豆、萝卜、红薯等，温度高会发芽，温度低又容易冻伤，把它们放在冰箱冷藏室最下面的蛋筐里，可以应对这种"高不成低不就"的储藏要求。

Part 3

巧主妇家的浴室
永远干净干爽

你还在为浴室洗不干净的马桶烦恼吗？
你还在看着堵塞的洗脸池无从下手吗？
你还在面对着混乱的浴室而心烦意乱吗？
来学一些小妙招，让你从容面对那些棘手的问题吧！

浴室洗脸池、镜子巧清洁

清洁洗脸池不留痕

洗脸池用久了会产生很多黄色的水垢，可以用以下两种方法清洁洗脸池。

方法一：取一小块肥皂，放入废旧丝袜中，用让丝袜包住的肥皂轻轻擦洗洗脸池中的黄色水垢，最后用清水冲洗干净，就会发现原来的水垢不见了，洗脸池变得光洁干净了！

方法二：将少许洁厕剂倒入洗脸池中，过20分钟后，再用清洁海绵擦拭洗脸池，最后用清水冲洗干净即可。

洗脸台污垢巧去除

由于洗脸台经常被浸湿，所以也是霉菌爱滋生的地方，可以用下面的方法轻松搞定。

方法一：用干棉布打上粗蜡，然后在霉斑处来回擦拭，最后用清水冲洗干净就可以了。

方法二：用废弃的小牙刷蘸上些许牙膏擦拭霉斑处，也能轻松去污。

洗脸池堵塞了巧处理

洗脸池堵时，首先封住去水口，再放上半池水，用胶泵盖着去水口徐徐压下，然后一面用手掩紧洗脸池旁边的气孔，一面用力把泵抽起，如此来回多次即可把积聚物抽入盆内。

如果还没有效果，可以先买氢氧化钠，用两三汤匙氢氧化钠调半盆开水，徐徐倒入水管口，让淤积物滑去，也可借此清洗污垢，半小时后用清水冲洗，水管就会畅通了。

浴室镜面巧防雾

冬天洗澡时，常常会发现浴室的镜面出现雾气，看不清镜子中的影像。用以下方法可以巧防雾。

方法一：先将镜子用干抹布擦干净，然后抹上一层肥皂水，这样就可以防雾气了！因为肥皂水中含有表面活性剂，可以很好地防止水蒸气在镜面凝结成雾气。

方法二：用土豆片在镜子上均匀地磨磨，然后用干毛巾擦净，这样也有防雾效果。

如何清洁浴室的镜子

浴室的镜子除了容易起雾气，一旦沾上其他的污垢也是很恼人的。下面教你两个小妙招。

方法一：用干毛巾蘸上少许白酒，轻轻擦拭镜子上的污垢，就会发现镜子敞亮了很多。

方法二：用毛巾蘸上喝剩的茶水来擦拭玻璃，去污效果也是相当不错的。

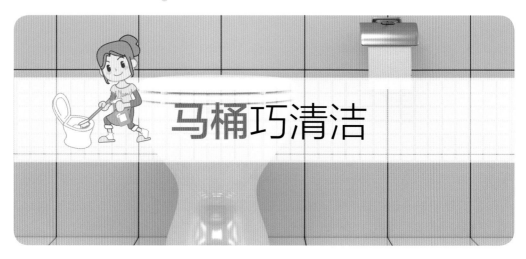

马桶巧清洁

去除马桶的污垢

取一杯白醋和适量的苏打粉，然后将两者倒入同一容器中，充分混匀即可。

STEP 1

我们每天都要使用马桶，最令人为难的就是，马桶壁上的污垢清除起来又麻烦又费时。其实只要使用醋和苏打粉，就可轻松除掉黑斑以及排泄物造成的黄垢。

STEP 2

将醋加苏打粉的混匀液倒入马桶中，静置15分钟。

STEP 3

然后用马桶刷刷洗，最后放水冲洗干净即可。

马桶坐垫是细菌的滋生地，它的卫生直接关系到身体健康，因此及时清洗马桶坐垫显得尤为重要。我们可以用小苏打来对马桶坐垫进行清洁。

马桶坐垫快速清洁法

具体方法为：

①将小苏打加水配成溶液，倒入喷壶中，摇晃混匀。

②将溶液喷洒在马桶坐垫上。

③最后用干净的干抹布擦拭干净马桶坐垫即可。

马桶凹槽污垢巧去除

马桶底部凹槽出现黄垢主要是水中的矿物质所致。

若产生黄斑的话，可用布塞住出水孔，注入热水后再溶入少许的氯系漂白剂。静置片刻后，再用刷子刷洗。

发黑的部分则蘸上金属亮洁剂，再用牙刷刷洗，最后以清水冲净即可。

马桶缝隙污垢巧去除

白醋苏打除垢法：将一杯大约250毫升的白醋，加上少许苏打粉末，调匀之后倒入马桶内。大约等待10～15分钟之后，使用长柄刷轻擦马桶缝隙内的污渍，最后用清水冲洗即可。

砂纸除垢法：用最细的砂纸来摩擦马桶缝隙污垢，可去除清洁剂不能去除的污垢。

漂白粉溶液除垢法：先用漂白粉溶液擦拭一下马桶缝隙的污垢，过一会儿再用水冲净即可。

马桶外侧清洁法

马桶外侧有污垢，可用食盐加松脂混成糊状，涂在马桶外壁，静置10～20分钟后，用湿海绵擦拭干净即可。

马桶盖巧清洁

马桶配有马桶刷，但是马桶盖呢？我们习惯每次冲厕所都会将马桶盖盖住，所以马桶盖内侧都是脏脏的。那就来试试下面的几种方法吧。

方法一：先用清水冲洗干净，然后再用废旧的牙刷蘸上些许牙膏，仔细刷洗就能去除上面的污垢。

方法二：如果上面有水垢，可用醋加盐水混合制成洗涤液，喷在马桶盖上静置半小时，然后再用刷子刷洗干净。

马桶水箱巧清洁

马桶水箱用久了也会"藏污纳垢"，清洗时，先关闭水箱阀门，按下水掣，放走水箱内的水。

先小心拿开箱盖，摆放至安全位置。将少量洁厕灵或稀盐酸倒入水箱内浸泡半个小时，用海绵将水箱内壁四周擦拭干净，再开启水阀，将污垢冲走，有顽固污渍残留时可用刷子刷洗。 然后，盖上水箱盖子，用尘布将其外表水迹擦拭干净。

马桶异味巧去除

马桶用久了常常会发出难闻的异味，可以尝试用以下方法去除马桶异味。

方法一：可以使用各种冲厕香片或者小香贴。

方法二：将几盆绿色的植物放在马桶附近，也可以有效去除马桶异味。

浴缸清洁、堵塞处理窍门

浴缸污垢 巧去除

浴缸用久了会滋生大量的细菌，很容易诱发皮肤感染，危害健康。而且浴缸用久了还会出现水垢、污渍的现象，因此清洗浴缸显得很重要。可以用以下几种方法去除浴缸的污垢。

方法一：用海绵蘸取适量白醋，然后将浴缸擦拭一遍，最后用清水冲洗干净即可。

方法二：用柠檬片擦拭浴缸，也可以去除浴缸的污渍。

方法三：将漂白粉与水按1：9的比例制成溶液，再用清洁海绵蘸取溶液，将浴缸擦拭一遍，最后用清水冲洗干净即可。

浴缸有时会因为洗澡掉落的头发没有及时清理而引起堵塞，所以浴缸一定要定期清洁。如果不幸还是堵塞了，不妨试试下面的方法。

浴缸堵塞 巧处理

去商店买一个手摇螺旋钢丝，从地漏处边摇边向下推进，当手摇有异物感时，轻轻地边摇边向上拉，堵塞的头发及污垢就会跟随螺旋钢丝被旋出来。将污物清理掉之后，再冲洗干净即可。

水龙头、喷头、排水口巧清洁

水龙头污垢巧去除

浴室的水龙头常常会因为沾到各种沐浴露、洗发水等洗涤剂而产生一些白色的污垢，比较难清洗。这时可以用干抹布蘸取少许牙膏，然后轻轻擦拭水龙头上的污垢处，最后再用清水冲洗干净就可以了。

燃气热水器的淋浴喷头，长时间使用之后，喷头里外都会产生许多水垢，水流会变得越来越细，流起来也不顺畅。怎样清除堵塞物，让淋浴喷头流水顺畅呢？这里教你一个小秘诀可解决你的烦恼。

醋能使淋浴喷头流水顺畅

STEP 1

将淋浴喷头卸下来。

STEP 2

取一个口径比喷头大的碗或杯子，倒入醋。

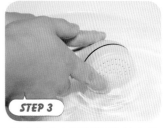

STEP 3

把喷头（喷水孔朝下）泡入醋中，浸泡8小时后取出，用清水冲洗干净就可以使用了。

喷头水锈巧去除

沐浴用的喷头在使用一段时间以后就容易生锈。如果你正在为此苦恼，那就试试下面的方法吧。

方法一：脸盆中加入两勺小苏打和1000毫升的水混匀，然后放入喷头浸泡半个小时左右，再用清水冲洗干净即可。

方法二：用适量热醋来浸泡，也能轻松去除水锈，但是一定要用清水冲洗干净，避免醋对喷头的腐蚀。

浴室的喷头水管用久了会产生黄色的水垢或锈渍，因为一般浴室的通风不佳，加上潮湿的水气浸润，就会让浴室的喷头产生一些水垢。可以用以下方法来去除喷头水管的水垢。

喷头水管污垢巧清洁

先将少许小苏打倒在脸盆中，倒入适量热水稀释，然后把喷头水管放入脸盆中，浸泡15分钟，再用清洁海绵擦拭喷头水管，反复擦拭几遍后便可以了。

巧去水池排水口污垢

卫生间洗脸盆的排水口过一段时间就容易积一层污垢，要清洗洗脸盆的排水口，利用卫生纸的滚筒就可以方便地达到这一目的，既简单又有效，何乐而不为呢。

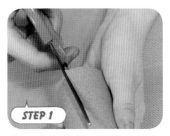

STEP 1

找一个卫生纸的废纸筒，在一侧剪开1/3长的口子。

STEP 2

再在剪开的口子上斜划3～4处刀痕。

STEP 3

将刀痕处插入排水口来回旋转。

STEP 4

这样一来就能将排水口清洗干净了。

浴室墙壁、天花板、地板、门巧清洁

浴室墙壁防霉有技巧

浴室墙壁发霉的主要原因是空气太潮湿了，如果通风不畅的话，霉菌就会爱上这里了。因此学会浴室墙壁防霉技巧很重要。

①洗完澡之后，记得一定要开窗通风换气。

②用完浴室之后，及时用干抹布将墙壁上的水珠擦干。

③可以在浴室的墙壁处挂上干燥剂，以除湿气。干燥剂尽量挂在不易沾水的地方。

浴室的环境比较潮湿，墙壁上一不留意就长出黑黢黢的霉斑。下面教你几个小妙招，以对付这些顽固而恶心的家伙。

浴室墙壁霉斑巧去除

①先用热水喷洒长有霉斑的地方，让其彻底软化。

②在长有霉斑处喷上稀释的漂白水（漂白水：水＝1:4），然后静止10～15分钟，让漂白水浸透霉斑。

③带上手套用抹布将霉斑擦拭干净，用热水喷洗几遍，最后用干抹布擦干即可。

浴室天花板去霉有妙招

①先用适量小苏打加清水配置成小苏打水，或者将漂白水稀释，然后将抹布放在其中浸湿，再将其绑在拖把上面，用力擦拭天花板上长有霉菌的部位。

②待将霉菌擦拭干净之后，再换上一块干的抹布将天花板擦干即可。

浴室地板霉污巧去除

①先将漂白水与清水按照1∶99的比例稀释、混匀，然后倒在地板上，静置5分钟。

②用刷子刷洗地板上长有霉菌的部位，刷洗干净之后用清水冲洗，直到冲洗干净，没有异味。

③最后用干拖把将地板擦干即可。

浴室玻璃门的清洁方法

玻璃门是一个比较容易忘记清洁的地方，如果你仔细看一眼，会发现它其实已经脏得不行了。不用担心，清洁它也有小妙招。

①往玻璃门上喷洒适量小苏打水或者洁厕灵，然后用抹布擦洗干净，再用清水冲洗，最后擦干即可。

②玻璃门的轨道处，可以用小毛刷蘸取洗洁精或者小苏打水来刷洗。

其他

让浴室肥皂盒不再积水

浴室中的肥皂盒，底部常常会有积水，这些积水不仅让肥皂盒变得很脏，还会使肥皂融化或变得软滑。

如右图做好肥皂盒，这样只需隔一段时间（不超1个星期），将垫在盒底的海绵取出清洗晒干或换一块海绵，肥皂盒就再也不怕积水了。

STEP 1

将一块干净的海绵剪成肥皂盒大小。

STEP 2

将海绵平铺在肥皂盒底部。

STEP 3

放上皂盒，海绵会吸干湿肥皂的水分。

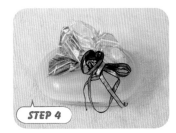

STEP 4

这样肥皂便不会再被泡在水中了。

浴室肥皂垢巧清理

浴室是肥皂垢堆积的主要场所。对于瓷砖上的肥皂垢可以先用温水冲洗一下，使皂垢部分溶解后，再使用刷子轻轻擦除。另外，还可以使用硫酸或盐酸溶液，将其滴在砖面，静置几分钟后进行擦拭即可。

浴室排风扇由于清洗不方便，总是被无情地"下一次"，所以趁它满是灰尘之前，赶紧来清洗一下吧。

浴室排风扇灰尘巧处理

①先将排风扇的外罩和过滤网卸下来，放在清洁剂中浸泡。

②取抹布蘸取肥皂水或者清洁剂，擦洗排风扇叶以及内壁，擦洗干净之后，再用清水擦洗2～3遍。

③将浸泡在清洗剂中的外罩和滤网擦拭一遍后，用清水冲洗干净，再用抹布擦干。

④把外罩和滤网安装好即可。

浴室排水孔处很容易聚集头发和污垢，如果不及时清理，就很容易造成堵塞。下面教你如何防患于未然。

浴室排水孔巧去污

①先戴上橡胶手套，然后取下排水孔的盖子，用废旧的丝袜当抹布，就能轻松带走发丝和灰尘。

②在盖子和排水孔处喷上适量清洁剂，然后用小刷子仔细地刷干净。

③最后用清水冲洗干净即可。

防滑垫巧去污

为了安全，很多家庭都习惯在浴室铺上防滑垫，但是如果长时间不清洗，上面就会留下很多污垢，而且用清洁剂的话效果也不是很好呢。下面就教你一招。

只需一盆清水倒上适量的84消毒液搅拌匀，然后将防滑垫浸泡在其中，大约浸泡2~3个小时，上面的污垢就会自然脱落。然后用清水多冲洗几遍，直到气味消除即可。

防水浴帘 巧清洗

漂白水清洗：把浴帘拆下来，浸于1:50的稀释漂白水中约15分钟，再用刷子将污渍刷掉，这样就可以清除浴帘上的脏污和霉斑了。要注意浴帘不可浸在漂白水中太久，否则会破坏浴帘的胶质。

酒精消毒除黑斑：若见到浴帘上长霉有了黑斑，要去除黑斑，可以先用水稀释酒精，均匀地喷在霉菌点上（因为酒精除了可以消毒，还可以除霉），然后再用花洒冲洗就可以了。

撒盐磨砂深层清洗：浴帘的底部最难擦洗，你可以用刷子蘸盐水用力刷洗，因为盐的细小颗粒可以于清洁污处产生如磨砂般的效果，可除掉顽固污垢。

一般家庭的洗手间面积都不大，再放一些常用的洗漱物品，则让空间显得更加拥挤不堪了。要想让洗手间的可用面积多起来，只有巧用空间了。

其实只要稍稍动一下你的双手，就能让浴室看起来干净整洁，物品找起来也很方便。

喷头下·巧置 盥洗用品

STEP 1

先把束线带逐个连接起来，当成挂网的挂绳使用。

STEP 2

把多余的束线边缘带用剪刀剪掉，以免划伤人。

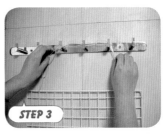

STEP 3

将一条束线带放置在卫生间的挂物钩上。

STEP 4

◀ 将挂钩挂在挂网下方两侧。

再挂上我们要挂的小物品和小用具即可。

STEP 5

巧用盥洗台和墙壁的空间

一般的家庭都把盥洗台直接和墙壁连接起来，这样会使洗手间看起来显得很是单调，不如我们自己来动动手，或许能带来一些意想不到的惊喜哦！

首先，我们完全可以在盥洗台与墙壁之间留一些空隙，然后在空隙处做一个橱柜。这个橱柜不需要顶到天花板，高度可以根据自身的需要来定。可以在下面做一些抽屉，收纳一些洗漱常用到的小物品。最后在橱柜上面再放上一盆垂吊式的绿色植物，这样就让卫生间增添一分翠绿的自然气息。

洗脸台上放着牙刷、牙膏、梳子、刷子、剃须刀、洗发水、吹风机，使洗脸台显得很凌乱，下面就教你巧用洗脸台上下空间进行收纳。

巧用洗脸池上下空间

方法一：可以在洗脸池的上方安装一个置物支架，这样就能将洗漱用品统统都摆在上面了，摆放整齐就可以啦。

方法二：还可在洗脸池上方的墙壁上安置几个挂钩，用来挂住洗脸毛巾，这样取放的时候也很方便。

方法三：可将洗漱台下方的支撑台做成对门开的储物柜，能摆放一些浴室洗涤用品及卫浴必备用品，这样不仅能为浴室节省很多空间，东西找起来也方便，还能增加浴室的舒适感。

方法四：如果洗脸池下方装不了储物柜，可以摆一个防水的储物盒，同样也可以收纳浴室小物件的。

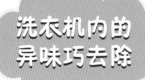 洗衣机内的异味巧去除

洗衣机内产生异味主要是机内细菌滋生所致，所以去除异味应该从洗衣机的清洗消毒着手。下面我们介绍几种洗衣机的清洗消毒方法。

方法一：在非金属内胆的洗衣机内放入含有效氯水的溶液，开启3～5分钟后排尽。

方法二：在金属内胆洗衣机内放入含量为0.5%～1%的戊二醛溶液浸泡10～15分钟后排尽。

方法三：霉菌对温度很敏感，在35℃的水中生存率已很低，在45℃的热水中几乎为零，所以用45℃的热水清洗也可有效杀灭霉菌。

浴室拖鞋的收纳妙招

浴室中的空气是比较潮湿的，而且一不小心还容易沾上水，那有什么办法让拖鞋避开那些水迹呢？

方法一：可以用透明塑料布做几个收纳兜，挂在浴室的墙面上，这样既方便取放，又可避免弄湿鞋子。

方法二：在浴室空置的墙面上装上一个不锈钢架，这样就可以将洗净的拖鞋直接挂在架子上，不仅利于晾干，而且干净又卫生。

STEP 1

STEP 2

制作可移动式挂物篮

过自己的创意生活，自己动手做移动挂物篮。

运用几个简单的"S"形挂钩，就可以随意制作简单的移动式挂物篮，还可以随心所欲地变换位置。

多用小提篮收纳小物品

卫生间的清洁用品很多，也很零碎，摆在一起看起来会很凌乱，但是只要借助几个小提篮，就可以让我们的卫生间看起来错落有致，找起东西来也会更加方便。

STEP 1

STEP 2

STEP 3

把小提篮放在马桶上方，放置一些清洗马桶的清洁用品。

也可以把小提篮挂在浴房门的把手上，放置一些沐浴露等。

小提篮装上护肤品，放在镜子旁，用起来也很方便。

Part 4

巧主妇家的客厅
永远干净明亮

客厅代表着一个家庭的门面，是使用频率最高的地方。

客厅展示了主人的品味、秉性，是家庭中首要的空间。

这样重要的生活空间当然也很容易弄脏。

来学习一下客厅的清洁之道，让它保持干净明亮吧！

客厅天花板、灯具巧清洁

客厅天花板霉斑巧清洁

天花板是一个比较容易有污垢、灰尘积聚的地方，而且不易清扫。在潮湿季节，可能会因湿气过重而产生霉斑，所以更需要经常清洁。

①先用拖把将天花板上的灰尘清扫干净。

②把清洁抹布先用小苏打水或者稀释的漂白水浸湿，然后将其套在平面拖把上。

③用拖把按照一定的顺序擦洗天花板，对于有霉斑等顽固污渍的部位需加大力度擦洗。

④待霉斑擦拭干净后，将一块干净的干抹布套在平面拖把上，来回擦拭，直到把天花板擦干即可。

⑤如果霉斑比较少的话，直接用酒精也能轻松将霉菌去除。

下次清洁大扫除的时候不妨试试上面的方法吧。

天花板去尘时，总是容易尘土飞扬，有什么方法能巧妙地解决呢？

客厅天花板灰尘巧去除

方法一：穿久的丝袜可以变废为宝。只需在扫把上套上旧丝袜就可以巧妙沾除灰尘。

方法二：超市出售的滚轮粘把也是不错的选择，不仅清洁方便，也省去了清洗拖把的功夫。

方法三：吸尘器换上长管，就可以直接用来清除天花板的灰尘了，就算角落里的灰尘也能轻松搞定。

客厅灯管灰尘巧清理

丝袜具有吸附灰尘的作用，能够用于客厅灯管灰尘的清理。

将旧丝袜和铁丝的晾衣架改装做成一个实用的静电吸尘器，就能轻松将客厅灯管的灰尘清理掉。具体的操作步骤如下。

①将衣架纵向拉成细长形，套上旧丝袜。

②关闭电源后将灯管取下来，然后用做好的丝袜静电吸尘器来清洁灯管的灰尘。

这种情况下，灯管上的灰尘容易被丝袜摩擦引起的静电吸附而不会四处飞散，清洁起来非常方便。

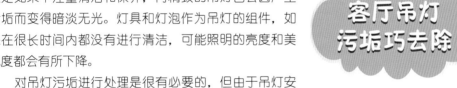

客厅吊灯污垢巧去除

客厅的吊灯通常是一个充满情调与品位的装饰品，但是如果不注重清洁和保养，再精致的吊灯也会因产生污垢而变得暗淡无光。灯具和灯泡作为吊灯的组件，如果在很长时间内都没有进行清洁，可能照明的亮度和美观度都会有所下降。

对吊灯污垢进行处理是很有必要的，但由于吊灯安置的位置比较高，因此在清洁上可能有一定的难度。事

实上，去除吊灯污垢并不难，只需要两个步骤：首先，把旧袜子套在晾衣架上，先擦除吊灯表面的灰尘，然后就可以用吸尘器接上缝隙专用吸头来吸除吊灯角落里的灰尘了。

在清洁吊灯灯泡时有一个小窍门，能够帮助灯泡更好更持久地防尘，那就是在清水中倒入一小瓶盖的醋，将清洁用的抹布浸泡在醋中，拧干后擦拭灯泡，这样能够起到更好的防尘功效。

对于去除吊灯污垢需要注意的一点就是：在清洁之前一定要先关闭电源，待灯具冷却后再进行清洁，以免在清洁时发生危险。

客厅地板巧清洁

木质地板污渍巧处理

在清洁客厅时，木质地板上的顽固污渍通常让人觉得烦心。或许你准备丢弃的东西，能帮你一把呢。

方法一：淘米水有很强的去污能力，呈弱酸性，对木质地板也不会有伤害。只需将其喷洒在地板上，等5~10分钟后用拖把拖干净即可。

方法二：针对地板上的油迹，过期的牛奶是很好的清洁剂，只需用抹布蘸上适量过期牛奶擦拭地板即可。不仅能去污，还会在木质地板上形成天然保护膜。

方法三：针对木质地板上的一些陈年污渍，可以用抹布蘸少许的婴儿油，以画圈的方式对污垢进行清洁。擦拭完污垢之后，再用干布擦拭一次木地板即可。

木质的地板虽然美观，但是相对来说很少有人选择它，主要就是因为木质地板更难保养，扛不住晒、禁不起刮、浸不得水，因此，木质地板的清洁保养就成为了一门学问。

木质地板的清洁保养

①清洁地板污渍时，要用温和的清洁剂来清洗，避免用大量的水冲洗地板。

②清洗干净地板之后，注意室内通风，保持正常的室内温度和干爽有利于防止地板提前干裂和老化。同时，木质地板一定要避免阳光长期的直射。

③木质地板需要打蜡护理。打蜡的基本方向一般都是从房间的深处到门口，沿着木地板的纹路来打蜡，先打上薄薄的一层，半小时左右的时间蜡就会干掉，然后再打第二次就可以了。打蜡之后能有效防止地板老化、变色。

木质地板缝隙处理有技巧

木质地板的缝隙常常会卡进去许多污垢，而且时间久了，容易影响环境的洁净，也容易滋生细菌，对人体健康不利。那么，怎么样才能够处理干净这些缝隙中的污垢呢？其实，轻松两步就可以解决了。

首先，把一次性的筷子或者是过期废弃的筷子的一段粘上适量的双面胶，利用胶面的黏性，将地板缝隙中的污垢粘出来。

然后，用牙刷刷头刷除地板缝隙中的灰尘即可。

地板上的头发巧清理

在打扫地板的过程中，最烦人的就是遇到头发全部粘在扫把上的情况，尤其是长发更易粘在扫把上。不过有招对付它哦。

方法一：可以选择把一个垃圾袋绑在扫把上，这样一来，扫地的时候，头发就会因为静电的作用，而乖乖地吸附到塑料袋上，最后扫成一撮，既容易清理，又能够保持扫把的干净。

方法二：此外，用吸尘器吸除客厅地板上的头发也是一个比较不错的方法，也可以用滚轮黏把粘除头发，让你的地板没有一丝头发，光亮洁净。

塑料地垫的清洁方法

色彩缤纷的塑料地垫是十分好看的，而且铺在地板上，能让人心情愉悦，但是一旦铺得时间久了，也会发黑，天气潮湿或遭遇雨天时，甚至会发霉，十分难看。

那么，怎样才能够巧妙地清洁塑料地垫，使其恢复靓丽纷呈的色泽呢？

下面为大家介绍塑料地垫清洁三部曲：

①在备好的清水中倒入适量的醋。

②用抹布蘸少许稀释后的醋水，擦拭塑料地垫。

③用醋水无法擦拭干净的地方就用抹布蘸着清洁剂反复擦拭。

客厅墙面巧清洁

很多有小孩的家庭中都会有类似的烦恼，就是小朋友喜欢在客厅墙上留下各种各样的涂鸦"作品"，彩笔、蜡笔留下的印记虽然并不容易去除，但是通过以下方法还是能够把客厅墙壁上的涂鸦处理干净的。

客厅墙壁涂鸦巧处理

方法一：用橡皮擦拭墙面涂鸦。

方法二：用抹布蘸上少许酒精或肥皂水，擦拭墙壁的涂鸦。

方法三：用干净的抹布蘸上适量的面霜，能够巧妙擦拭墙面的蜡笔印记。

方法四：如果是瓷砖墙面的蜡笔印记，可以用吹风机将涂鸦印记吹干，再用报纸擦掉，然后用干净的抹布擦拭一遍，涂鸦痕迹就能够被处理掉了。

有时候在客厅墙壁上经常会发现我们不经意留下的指痕，那一块黑黑的指痕甚是难看，但如果为了这一点点指痕而重新粉刷墙面又是没有必要的。

客厅墙壁指痕去除法

事实上，只需要用橡皮擦朝着一个方向，以画圈的方式擦拭，墙面就自然而然地会变得干净了。

此外，对于墙面上留下的一些不明污渍，用砂纸、旧毛袜也是可以擦拭的。

客厅硬质墙面巧清洁

硬质的墙面主要包括大理石、人造石、瓷砖、喷涂墙面等，而硬质墙面的污垢主要是由于灰尘、水珠等形成。一般来说，如果硬质的墙面长期不进行清洁保养，就会有很多的灰尘和蜘蛛网。

可以选择先用鸡毛掸子掸去灰尘以及蜘蛛网，然后用湿抹布擦拭墙表面的污渍即可。如果有顽固污渍的话用，用牙膏或者小苏打也是很管用的。

对于这种墙面，定期用蜡水清洁保养是必不可少的，用蜡水保养既可以清洁墙面，又会在墙面形成透明的保护膜，防止灰尘堆积，起到双重功效。

客厅墙面是原木质地的在日常生活中也需要谨慎清洁和保养，这样才不至于使墙面失去光泽度和美感。一般来说，原木墙面具有以下的清洁和保养方法。

客厅原木墙面巧清洁

①首先用掸子掸净墙壁的灰尘。

②用微湿的抹布按照擦尘方法由上至下、从左往右擦拭墙壁，如需要可使用全能清洁剂擦拭。

③木质墙面上蜡与木地板打蜡基本相同，将少许家具蜡或油基地板蜡涂于洁净的抹布上，仍然是由上至下、从左至右采用平行互叠法，将蜡均匀涂在墙面上。

④用洁净、干燥的抹布用力擦拭，达到抛光效果即可。

客厅油漆墙面巧清洁

墙面上漆是涂装中最终的涂层，具有装饰和保护功能。如颜色光泽质感等，还需有面对恶劣环境的抵抗性。但是光鲜亮丽的客厅墙面也需要经常保护。

对于墙面漆，最好的清洁保养方法是每天擦去表面浮灰，定期用喷泉雾蜡水清洁保养。该蜡水既有清洁功效，又会在面层形成透明保护膜，更方便日常清洁。

油漆的墙面如果已经污染得很严重，可使用石膏或沉淀性钙粉进行磨擦，或使用细砂纸轻轻擦拭，即可去除污垢。

客厅壁纸墙面的清洁保养

壁纸墙面具有风格各异、安全环保、价格便宜等优点，是很多家庭装饰客厅墙面的最佳选择，但是壁纸墙面也需要清洁保养得当。

清洁客厅壁纸时，可先用鸡毛掸子掸去上面的灰尘，然后用海绵蘸上些许稀释后的洗洁精，注意海绵布尽量拧干之后再擦拭墙壁，避免海绵中的水分渗入墙纸，导致墙纸发霉。而对于胶面壁纸可直接用水擦洗，洗净后用干毛巾擦干即可。

客厅墙壁残胶处理有妙招

家庭中的墙壁一般都会贴上挂钩，用来挂一些装饰品、钥匙甚至是衣物，但是有时候可能会因为使用时间太长而使挂钩掉落，使墙面上留下残胶，让人心烦。以下处理方法能够起到一定的作用。

方法一：用吹风机的热风将残胶吹软，然后再将软化的胶皮慢慢地撕下来即可。

方法二：将适量的白醋倒在纸巾上，再将沾湿的纸巾贴在残胶痕处，静待5分钟之后，用抹布擦拭软化的胶痕，这样胶痕就会被擦拭干净。

方法三：使用热毛巾热敷有残留胶的地方，胶皮被软化的时候再慢慢撕掉或擦拭，这个方法既能够把墙面的残胶清除干净，也不会损伤到墙面。

客厅开关污垢巧处理

电源开关是我们日常生活中每天都要接触的，由于被按的次数多了，时间久了，自然会很脏，但是处理开关的污垢，用一般的清洁剂都不太见效。以下的小窍门能够帮助你更好地去除污垢。

酒精清洁法：用蘸有酒精的棉花擦拭电灯的开关，花一两分钟就能够将电灯开关清洗干净。

牙膏清洁法：用抹布蘸取适量的牙膏擦拭电灯开关，可以让电灯开关焕然一新。

事实上，电灯开关周围的墙壁也比较容易被手印弄脏，因此可以在超市中购买专门的开关罩，这样不仅能够避免墙面沾染污垢，还能够起到装饰美化的作用。

客厅窗户、门巧清洁

客厅百叶窗巧清洁

客厅百叶窗使用很方便，但是一片一片的很难清洁，利用手套来清洗的话，既省事又方便。

先戴上一双塑胶手套，然后在外面再套上一

双棉质手套。用戴好手套的手指蘸取适量小苏打粉，然后将手指伸入百叶窗缝隙间，来回擦拭。擦洗干净之后，再用稀释的醋用同样的方法擦拭一遍即可。

STEP 1

先用抹布将窗框擦拭一遍。

STEP 2

把水喷在窗框里。

去除窗框沟的污垢

STEP 3

用旧牙刷当"扫帚"，把脏东西扫出来。

STEP 4

再用干净抹布擦拭即可。

平时我们打扫客厅卫生时，很容易忽略一些边边角角，而窗户沟便是其中之一，窗户的框沟里很容易堆积灰尘和污垢，在做清洁时也是让人头疼的"死角"。下面我们就向您推荐一种清洁死角的方法。

窗框直角细缝的清洁

打扫客厅时，总是要在窗户上下一番功夫，窗框的直角细缝清洁就是个难题。无论你用毛巾还是刷子，效果都不能让人满意。其实只需要一块抹布和一把尺子或一张卡片就搞

定了。方法是直接用抹布包住尺子或卡片的一边，有了支撑，抹布就能轻松将细缝里的灰尘一扫而光了。

客厅纱窗既能挡灰尘，又能挡蚊虫，是很实用的。但是清洁起来却很麻烦。其实只要利用一些小窍门，就能让你轻松消除这些顾虑。

客厅纱窗污垢巧去除

方法一：灰尘较多时，可先用吸尘器吸除上面厚重的尘土。再用旧报纸铺开挡在室内一侧的纱窗上，准备适量水加小苏打混匀，然后从外侧开始喷洒纱窗，静止片刻之后，再用稀释2～3倍的醋水进行喷洒。取下旧报纸，用两块湿海绵夹住纱窗，同时清洁即可。

方法二：当纱窗上有油污难以去除时，可用食用碱加热水制成清洁剂，然后用长毛刷蘸上些许来刷洗纱窗，这样不费力而且会将纱窗清洗得很干净。

客厅铝合金窗户巧去锈

铝合金窗户上可能因为水迹残留，出现了斑斑锈迹，这时应该怎么处理呢？

方法一：这些锈迹只是因为铝合金被氧化造成的，只要用抹布蘸上些许牙膏擦拭，就能很快地消除因氧化形成的污渍了。

方法二：做菜剩下的马铃薯皮和葱头不要丢掉，用来清洁窗户锈迹可是有很好的效果的。

方法三：将粗盐和食醋加热水混合制成清洁剂，将其喷洒在锈迹处，静置15分钟，然后用蘸有自制清洁剂的抹布擦洗干净即可。

擦客厅玻璃的省力法

如果客厅里有一大片玻璃需要清洗，是不是很费事，那么怎样才能省时又省力呢？可将抹布直接绑在拖布上面，这样就可以直接擦拭大面积的窗户了。有橡胶刮刀的话也会很轻松，可直接将玻璃清洁剂喷在玻璃上，然后用抹布擦拭，最后用橡胶刮刀刮去水分就可以了。

清洁客厅玻璃有窍门

玻璃上面总是会有些奇奇怪怪的痕迹，下面就教你几个巧妙清除的好方法。

玻璃上面有油污时，可以用布蘸上白酒或酒精，轻轻擦拭，就可以让玻璃恢复光洁明亮了。

玻璃上面尘土很多时，废报纸就是很棒的清洁工具。先用湿毛巾拭去表面的污垢，再将报纸揉搓成团，直接擦拭就可以了。

擦完玻璃之后，总是留下让人讨厌的水迹，下面教你一招：先用蘸了热水的抹布将玻璃擦拭干净，再用干抹布拭干即可。

客厅玻璃光洁小妙招

玻璃即使经常清洗，时间久了也会不那么透亮。要怎样才能让玻璃恢复光洁如新呢？

方法一：做菜剩下的洋葱头和土豆块不要扔掉，用来擦拭玻璃的话，会有意想不到的惊喜。

方法二：将白醋和水按照1：2的比例调匀，喷在玻璃上，再用旧抹布或旧报纸团擦拭，玻璃或镜子即可变得非常明亮。

下次清洁玻璃时，不妨试试上面的方法让您的玻璃光洁如新。

清除玻璃上的油漆

装修客厅时，总是容易在玻璃上留下油漆的印记，既难看又让人烦恼。其实家里的食醋就能帮你去除残留的油漆渍，只需要将抹布蘸上稀释的食醋轻轻擦拭，就能轻松搞定这让人生气的油漆印记了。

雕花玻璃巧除垢

雕花玻璃既好看又具有隐蔽性，是客厅落地窗的不错选择，但是花纹缝沟总是喜欢藏灰尘，一旦粘上污迹也不易清洗，着实令人头痛。

其实只要用废旧的牙刷蘸上些许牙膏或者苏打粉来刷洗玻璃即可，这样不仅能清理掉玻璃缝隙的灰尘，即使附着在上面的顽固污渍也能被一举清除干净。

去除玻璃上贴纸妙法

客厅是小孩玩耍的天地，而客厅玻璃一不小心就会遭受到贴纸的袭击。不仅很难清除，还容易留下一块黏糊糊的污迹。那不妨试试下面的清除方法吧。

可以先用小刀刮除贴纸。刮的时候一定要小心，避免将玻璃刮花，然后再用干抹布蘸上少许风油精，轻轻擦拭污迹处，这样就能让你的玻璃恢复光洁透明了。

也可先将贴纸掀起一个角，然后用吹风机热风对着开角处吹，直至将贴纸吹软化，然后就能一举将贴纸撕下了。如果玻璃上还残留有胶纸痕迹，这时只需要用湿抹布擦拭即可。

客厅不锈钢门巧清洁

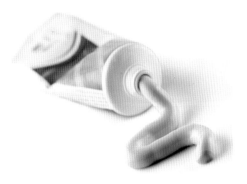

客厅的不锈钢门在我们生活中起着重要的作用，它在保护着我们安全的同时，也留下了很多污渍。下面就让我们来清洗下门面上的污渍吧。

方法一：当不锈钢门上有明显的污迹时，先用抹布擦掉表面灰尘，再用废牙刷蘸上少许牙膏来清洁，最后用干布擦净即可。

方法二：如果门上残留着手印、油迹也不用慌张，只需用小苏打加水混成泥状涂在油迹部位，静置10分钟左右，直接用湿抹布擦净即可。

STEP 1

用吸尘器对准门锁的钥匙孔，将灰尘吸出。

STEP 2

再在钥匙孔内加几滴润滑油，可以使钥匙在开门时更灵活。

门把手的清洁

客厅是最常出入的地方，门把手也特别容易弄脏，有时还会影响开锁。

STEP 3

金属材质的门把手，可在有污渍的地方涂上一层牙膏，再用干净的布擦拭。

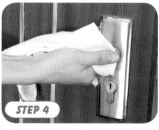

STEP 4

最后用干布包住门把手，以手画圈转动，就可以使门把手光亮如新了。

门上贴纸巧去除

STEP 1

贴在门上的贴纸很牢固，用手撕不下来。

STEP 2

用棉布蘸醋涂在贴纸上。

STEP 3

可借助小刀撕去贴纸。

STEP 4

再用蘸有醋的化妆棉擦去残留下来的贴纸即可。

家里有淘气的小孩，一定免不了到处都是贴纸，客厅门窗自然成为"重灾区"。等到打扫卫生时，这些可让妈妈们烦恼了，贴纸就像牛皮糖一般粘上去容易，撕下来就难了，清洁起来既麻烦又费时间。

现在，你不用担心了，我们向您推荐以下方法，能帮你快速清除贴纸的痕迹。

门板的清洁保养小窍门

客厅门板为我们阻挡了噪音和污染，怎样才能让它历久弥新，一直为我们服务呢？

①清洗门板的时候要用软毛刷或者海绵蘸取清洁剂后清洗，避免形成表面刮痕。

②清洗时避免使用热水，以免引起门板破裂。

③生活中避免过强的外力碰撞，以免导致破裂。

客厅家具巧清洁

巧除家具表面的蜡油

家具表面滴上蜡烛油后很难处理，用小刀等尖利物品不仅刮不干净，而且容易刮伤家具表面的涂料。有没有一个既简单又有效的方法来除掉家具表面的蜡油呢？

用吹风机加热蜡油。几分钟后，蜡油开始软化。

STEP 1

STEP 2

用卫生纸或清洁棉进行擦拭。

STEP 3

最后用清洁棉蘸取适量酒精，擦洗干净表面即可。

原木家具光洁妙法

原木家具使用时间久了就会失去原来的光泽，显得很陈旧。下面就教你一个家具光洁妙法。

可用水质蜡水直接喷在家具表面，再用柔软的干布抹干，家具便会重现光洁明亮了。

巧去家具的油漆味

新买的家具油漆味很重，等自然挥发需要很长时间，自己用着也不放心，那怎么办呢？

方法一：竹炭有很好的吸附能力，可以去异味、净化空气，所以将竹炭放置在衣柜等家具里是可以去除油漆味的。

方法二：也可以买新鲜的柠檬直接放在家具内，这样不仅能去除油漆味，还能让家里散发好闻的果香味。

方法三：用淘米水或茶水反复清洗家具几次，也很管用。

巧去新家具的标签

贴在家具上的标签很难撕除，一不小心还可能损坏家具的表面，听到这是不是很心痛？不用担心啦，教你一个简单的小方法。

去标签时先轻轻撕开一个小角，再用吹风机的热风对着掀起小角的粘合面吹一会儿，待标签变软后，就可以轻松撕下来了。

如果你已经忍不住将标签撕掉一半，最后留下了难看的污迹，不妨试着喷一点煤油上去，等到煤油将标签浸透，最后用抹布就可以轻松擦掉污迹了。

巧除家具浅痕

对于家具上不小心留下的水渍，只需用湿布盖在痕迹处，然后用熨斗小心地在湿布上熨烫数次，你会发现水

渍痕迹神奇地消失了。

如果因为不小心在家具上留下烟火焦痕，可以用一块细纹硬币包住牙签的尖端，然后轻轻擦拭焦痕，最后涂上一层蜡，焦痕就不那么明显了。

搬挪家具的时候擦伤了家具漆面，用相同颜色的颜料涂在擦伤部位，再用透明指甲油涂上一层，这样就可以完美遮盖了。

潮湿的天气总是让人抓狂，就连木质家具也不能幸免。下面就教你几个防潮小妙招。

方法一：保持室内的通风，可以将家具搬到太阳下晒一晒，起到杀菌、防潮的作用。

方法二：自制干燥剂，取适量生石灰，放入小袋子中封好口，直接放在家具里就可以防潮了。

方法三：可以用报纸包一些茶叶，放在家具的几个角落，也可以防潮。

方法四：竹炭也有很好的防潮、吸湿的功效。

家具巧防潮

先用吸尘器或者软木刷将布艺沙发表面的尘土除去，然后将苏打粉加清水调匀，再用抹布蘸上少许来擦抹，就可以将沙发上的果汁污渍清除掉了。此法同样适用于去除沙发上留下的红酒渍、酱油渍。

布艺沙发果汁污渍巧清除

布艺沙发日常护理小窍门

相比皮革沙发，布艺沙发的清洁就显得困难多了，所以做好布艺沙发的日常护理能为我们的日常清洁省掉很多麻烦。

方法一：给布艺沙发穿上沙发套，这样就可以阻挡掉好多污渍了。

方法二：定期给沙发吸尘，每周一次是最好的，沙发的扶手、靠背和缝隙也不能放过哦。

方法三：沙发上有灰尘但是未弄脏布面时，可以用宽胶带粘除或者用软毛刷直接拂去。

方法四：沙发上如果沾染到食物或者烟味时，可以喷洒小苏打后静置片刻，再用吸尘器吸掉即可。

布艺沙发油迹巧去除

很多人都有在沙发上吃东西的习惯，要是不小心蘸上油迹，那该如何是好？

先在油迹处撒上适量小苏打，静置1个小时后，用吸尘器将小苏打粉吸干净，再取抹布蘸上肥皂水擦拭油污处，然后用海绵蘸清水清洁干净，最后一定要用吹风机将沙发吹干，以免因潮湿引起内部结构产生异味，甚至腐烂。

毛绒沙发一旦蘸上污渍，整个好感立马大打折扣。下面的方法可教你有效去除毛绒沙发上的污渍。

方法一：用干净的毛刷蘸上少许稀释的酒精，在污渍的部位轻轻刷洗，直到将污渍洗净，再用吹风机吹干即可。

方法二：如果不小心洒上果汁，可用少许苏打粉加清水调和，用干布蘸上少许擦拭污渍的部位，这样就能快速清除干净了。

毛绒沙发污渍巧去除

皮革沙发巧清洁

皮革沙发最怕潮湿，遇上水以后会让皮质发生变化，所以在清洁的时候应该尽量避免接触到水。

皮革沙发的清洁要从除尘开始，否则灰尘的颗粒会刮坏沙发。可以选择用乳液或者橄榄油来擦拭，这样不仅可以清洁灰尘，还能让皮革恢复光亮。

如果不小心让皮革沙发沾到水，可先用干布擦干表面水分再自然风干，然后用涂有婴儿油的抹布擦拭沙发，这样可以避免皮革龟裂。

巧去皮革沙发上的蜡笔痕迹

皮革沙发上面留下蜡笔痕迹也是一件让人头痛的事情，用东西刮掉？不不，这样既容易刮坏沙发，又不容易除去污迹。下面教你几个简单有效的去除方法。

方法一：其实只要用一点酒精或风油精，就能轻松帮你搞定这个棘手的问题。取一块干净的抹布，蘸上少许酒精或风油精，轻轻擦拭，就能去除蜡笔痕迹了。

方法二：用一般的绘画橡皮也可以的，只需将其以画圈的方式来擦拭蜡笔痕迹，然后用干净的抹布擦干净即可。

方法三：如果以上用品都没有，不防试试护手霜，只需往笔痕处挤上少许，然后用抹布稍稍揉搓片刻，再用干纸巾擦掉即可。

巧去皮革沙发上的圆珠笔的痕迹

皮革沙发上的圆珠笔痕迹直接用皮革清洁剂就能轻松搞定。若没有的话，可以试试下面的方法。

方法一：可以用毛巾蘸上少许稀释的酒精轻轻抹去污渍，再用湿布擦去残留的酒精，然后用干毛巾擦干表面的水分，等到风干之后用皮革保养剂进行保养。

方法二：没有酒精，用橡皮的话也能轻松擦掉沙发上的笔迹。

方法三：洗发水加白醋也有神奇效果。先倒上一点洗发水，再用牙刷蘸上白醋进行刷洗，圆珠笔印就会完全消失了。

方法四：如果有喝剩的牛奶不妨涂在笔迹上，然后用干抹布擦掉就可以了。

皮革沙发上的裂痕巧处理

皮革沙发使用时间过久或遇水后处理不当，就容易出现细小的裂痕。

不妨试试用与沙发颜色相同的颜料反复涂抹裂痕的部位，直到痕迹完全被遮挡住，然后等自然风干，关键的一步来了：只要在上面涂上一层凡士林，你就会发现你的旧沙发翻新了。同样的方法处理沙发上的磨痕也是有效的。

一不小心，在木质家具上面留下了记号笔的痕迹，洗衣粉、洗洁精、肥皂你都试过了，都没用怎么办？那就试一试下面的方法吧。

巧去木质家具的记号笔痕迹

方法一：其实只要有酒精，这个问题就迎刃而解了。取一块干毛巾，蘸上少许酒精，轻轻擦拭记号笔的痕迹，轻松就帮你搞定污渍。

方法二：用橡皮擦或者去污海绵轻轻擦拭，这样也能完全去除家具上的笔迹。

方法三：用干抹布蘸上少许的甲苯水或者汽油擦拭，就能去掉记号笔痕迹。但是两者都有低毒性，使用完之后要用清水多擦洗几遍，直到气味完全消除。

木质家具表面裂缝巧处理

木质家具用时间久了，常因为水分的流失或者阳光的暴晒而出现裂缝，看着觉得碍眼，扔掉又觉得可惜。我们可以将旧报纸剪成碎屑，然后同明矾和米汤一起煮成浆糊，等到放凉后涂入家具表面的缝隙，等到晾干之后家具就会变得很结实，漆上相同颜色的油漆，你的衣柜就不用换了。

木制家具的保养

避免将家具放在潮湿或者太阳强烈的地方，避免木质腐烂或者变形。

家具顶上避免摆放过重的物品，以免造成柜门变形。

避免用酸性或者碱性的清洁剂清洗家具，避免引起油漆脱落，甚至木板腐烂。

搬运家具时要轻拿轻放，摆放的位置要平整，以免造成家具腿的损坏。

白色桌椅巧清理

白色的家具总是让家里显得干净又舒适，可是一旦家具变脏或者发黄，就很难清洗了。

不妨试下将牙膏挤在干净的抹布上，然后轻轻擦洗家具，注意避免用力过大而擦掉家具表面的漆，然后用干净的抹布擦干净即可让白色家具恢复光洁如新了。

藤艺家具巧清洁

藤艺家具美观又舒适，但是时间久了，缝隙处总是会残留很多灰尘，既不容易清理，又会影响家具的美观。

其实只需要盐水，就能帮你解决这个头痛的问题。取适量食盐加清水混匀制成盐水，取干净的抹布蘸取盐水后擦拭家具，这样不仅能清除污垢，而且还能起到保养藤艺家具的作用。

金属家具巧清洁

清洁金属家具的时候，用抹布蘸上少许机油擦拭，就能轻松去掉表面的污渍。金属家具清洗以后一定要擦干，不要遗留水分。

清洗干净之后，可以在金属家具表面涂上一层光蜡或者植物油，这样不仅能防止生锈，而且还可延长使用寿命。

红木家具巧清洁

红木家具常因为雕花和材质，让人不知道怎么进行清洁，下面教你几招。

首先要用毛刷清理掉家具表面的灰尘，毛刷不宜过硬，力度不宜太大。再用抹布擦拭，来进一步地进行深层清洁，但要注意避免抹布过湿。然后用干毛巾擦干再上蜡，这样不仅能保持红木的光洁，还能延长家具的寿命。

竹制家具保养好，是延长其寿命的关键。以下是些保养的小方法。

竹制家具保养小方法

方法一：竹制家具要放在通风、干燥、避免阳光直射的地方。

方法二：及时清除家具缝隙的脏污，避免发霉和滋生微生物。

方法三：一旦发现家具出现虫蛀，可用煤油或辣椒末封住虫蛀孔，这样就能杀灭蛀虫了。

家具变新妙招

牛奶擦洗变新法：将布蘸牛奶，擦拭桌椅等家具，不仅可清除污垢，而且还可使家具光亮如新。

醋水擦洗变新法：将半杯清水再加入少量醋，然后用软布蘸此溶液擦拭木制家具，可使家具重现光泽。

凉茶擦洗变新法：泡一大杯浓茶，让其变凉后，将一块软布浸透，擦洗家具两三次，然后再用地板蜡擦一遍，可使家具的漆面恢复原来的光泽。

家用电器巧清洁

电视机是最常用的家用电器之一，但是其维护和保养却常常为我们所忽视。其实，要延长电视机的使用寿命，只要注意日常生活中的一些保养细节就可以了。电视机上总会积上灰尘，所以，日常对电视机的清洁工作是有必要的。

如何清洁电视机屏幕

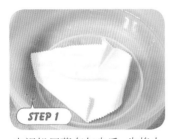

STEP 1

电视机屏幕有灰尘后，先将小毛巾在清水中浸湿。

STEP 2

用力挤干毛巾里的水。

STEP 3

再蘸点洗涤剂。

STEP 4

用蘸有洗涤剂的毛巾擦拭电视屏幕。

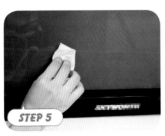

STEP 5

如果一次擦不干净，可以重复擦拭多次，直至干净。

STEP 6

最后用干抹布将电视机擦干净，待水分完全晾干后，即可通电使用。

电视机外壳巧清洁

电视机的外壳可以用水清洗，但抹布必须是半干的，即用手拧不出水来。

清洁时，先切断电源，将电源插头拔下，用柔软的布擦拭，切勿用汽油、溶剂或任何化学试剂清洁机壳。

如果外壳油污较重，可用40℃的热水加上3～5毫升的洗涤剂搅拌后进行擦拭。

STEP 1

找一根橡皮筋，打一个结。

遥控器平时使用比较多，很容易沾上污垢，又很难清洁，特别是键盘间的灰尘，所以需要掌握一些清洁技巧。

遥控器巧清洁

STEP 2

将橡皮筋的结在遥控器的按键之间来回滚动擦拭，这样较易清除小间隙中的污垢。

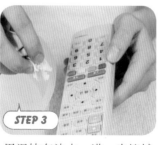

STEP 3

用湿抹布沾水，进一步擦拭残留的污垢。

STEP 4

最后用干抹布将水擦干。

电话污渍巧去除

电话是最常用到的通讯工具，有时清洁起来也不容易。平时清洁皮肤的化妆棉和化妆水就不失为清洁电话的好帮手。

STEP 1

准备好化妆棉和化妆水，因为化妆水不管是否含酒精，都具有清洁油垢的功能。

STEP 2

用化妆棉蘸上少许化妆水擦拭电话，尤其是一些平时不易清洁到的缝隙。

STEP 3

最后用干抹布将电话擦干即可。这种方法也适宜于擦对讲机和遥控器等。

STEP 4

擦干净后，再用干化妆棉擦拭电话，以免化妆水的残垢留在电话上。

笔记本键盘巧清洁

边吃边玩，食物碎屑很容易掉进笔记本键盘缝隙，加上使用时间久了难免堆积灰尘，如果不及时清理的话，不仅会影响美观，还会影响键盘的使用寿命。

试试下面的清洁方法。

方法一：将笔记本电脑竖立在桌面上，用长毛刷或键盘吸尘器将灰尘除去。

方法二：对于黏附在键盘上刷不掉的污迹，可以用湿棉签擦去。

如何清洁电脑屏幕

电脑屏幕由于静电作用，很容易沾上灰尘，留下指痕，要怎样才能清洁不留痕呢。

先将少量的电脑屏幕清洁剂倒在一块软质布头上，然后按照由上到下的顺序清洗显示器屏

幕，屏幕上的指纹及污渍应当重点清洁，直至擦净为止；如果没有电脑清洗剂，稀释的酒精也能起到相同的作用。

电脑键盘巧清洁

我们每天都在敲电脑键盘，当然少不了会弄脏它。不过，电脑键盘上的污垢多是手垢与食物残渣造成的，那么就用小苏打水来仔细清除吧。

STEP 1

准备4大匙小苏打粉、250毫升水、抹布、卫生纸。

STEP 2

将小苏打粉溶于水中。

STEP 3

用抹布蘸取溶液，小心擦拭电脑键盘上的污点。

STEP 4

用卫生纸或干抹布擦干水分即可。

电脑鼠标巧清洁

鼠标用久了，难免会沾上很多污渍。由于鼠标表面不平整使得鼠标清洁并不能单纯地依靠毛巾擦拭。

简单的鼠标清洁方

法是使用棉签，用棉签蘸取清水或者酒精，仔细清洁鼠标表面细小的沟槽，滚轮部位也能轻松擦干净，同时酒精还能达到给鼠标消毒的效果。

电风扇的清洁

电风扇用久了常会有一堆灰尘及毛絮卡在里面，不卫生而且会加速电风扇的折旧。顺手清洁一下电风扇会延长电风扇的使用寿命。

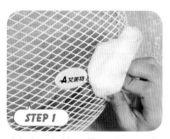

STEP 1

拆开风扇的网盖，先用卫生纸将卡在网盖上的毛屑及灰尘擦干净，再用湿抹布将网盖上的灰尘彻底擦拭干净。

STEP 2

风扇部分，可以使用鸡毛掸来清除灰尘。

STEP 3

若扇叶可拆洗，就先以清水冲洗，再以微湿的抹布彻底擦干净（必要时用清水冲过再用湿抹布将其擦掉）。

STEP 4

电风扇的网盖背面是马达，为不可拆洗的部分，同样用卫生纸先除掉灰尘。

STEP 5

再以微湿抹布擦拭。

STEP 6

将扇叶与网盖晾干后，再组装回去，如此就完成所有的清洁了。

清除风扇上的油渍

风扇用久了上面都会沾上一层厚厚的油渍，不仅影响美观，还影响风扇的使用功能。

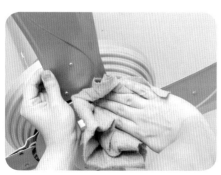

用小苏打加水制成泥状，将抹布蘸上些许，擦拭风扇上的油迹，然后用水冲干净即可。或用纱布蘸取煤油来进行擦拭，也很管用的。

空调巧清洁

空调使用时间长了，空气中的灰尘、细菌就容易附着在滤网上，机体上也会留下污垢。如果不定期清洁，不仅会影响空调的寿命，还会影响空调的功能。

其实空调的清洁只需要小苏打就行。开始清洗之前，一定要先将电源拔掉，以保证自己的安全。清洁滤网时，先用吸尘器吸走表面的灰尘，然后将滤网浸泡在小苏打水中约1小时，如有顽固污渍，可用海绵刷洗，最后用清水擦拭干净即可。

由于机体表面是凹凸不平的，所以用刷子按照上面的纹路来刷洗是比较方便的，建议自上而下轻轻刷洗。然后用海绵浸上小苏打后拧干，用来擦拭机体以及出风口。再用清水擦拭一遍，最后用干抹布擦干即可。

很多人都习惯在客厅放一台加湿器，以缓和天气的过分干燥。但是加湿器又很容易成为细菌繁殖的温床，这样会对人体造成伤害，所以加湿器的定期清洗是必须的。

先将加湿器的零件拆卸下来，喷洒上柠檬水，再用牙签将零件小缝隙的污垢剔除干净，然后用清水冲洗干净。在机体和零件上喷上酒精后，用干净的抹布仔细擦拭一遍，等待自然风干后将零件组装起来即可。

加湿器的清洁与保养

巧去音响灰尘

很多人因为享受客厅影院的感觉，于是就买了大大的音响摆放在客厅，但是时间久了，音箱上就很容易积聚灰尘，而且很难清除。那不妨试试下面的方法吧。

如果灰尘不是很多，可以直接用胶布粘掉上面的灰尘；如果灰尘太多，就先用吸尘器将尘土吸出来，然后用刷子刷掉表面残留的灰尘，再用干抹布擦一遍即可。

插座巧清洁

不要以为过期的洗甲水没有用了就把它扔掉。洗甲水不仅能洗甲，还有一个重要用途就是对陈年油垢、污渍有一擦即除的功效。电灯开关和插座都是易脏不易清洁的物品，利用洗甲水来清洁电灯开关和插座比一般清洁剂的效果要好，既能废物利用，又方便快捷。

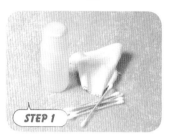

STEP 1

准备一瓶过期洗甲水、一块干抹布、数根棉花棒。

STEP 2

先用干抹布蘸取适量过期的洗甲水。

STEP 3

擦拭脏污的电灯开关及插座周围。

用棉花棒蘸取洗甲水擦拭开关与开关之间的细缝。

STEP 4

用湿抹布擦拭开关及插座周围，最后用干抹布擦干。

STEP 5

饮水机巧清洗

饮水机一定要定期清洗，但是一定不能用消毒水来清洗，因为残留液如果没有冲洗干净，对健康是非常有害的。那可以用什么来清洁呢？

先将饮水机内的残余水分放掉，然后倒入适量白醋加热半个小时，再从饮水机后侧放出后用清水冲洗几遍，直到将气味冲洗干净，这样饮水机内部就清洗干净了。

饮水机外侧可用煮好的柠檬水来擦洗，不仅能让饮水机焕然一新，而且还有一股清香的柠檬味。

用丝袜擦拭电器表面

轻柔又具有静电作用的丝袜在清洁方面效果不错，可以将破丝袜与传真纸或保鲜膜的纸轴进行组合，自制一个除尘器。

STEP 1

找一双不穿的旧丝袜，将丝袜一边剪数刀。

STEP 2

再用纸轴将丝袜卷住，用橡皮筋扎住固定即可。

STEP 3

用丝袜制成的这种除尘器可用来擦拭电视屏幕的灰尘和音响设备的开关缝隙。

STEP 4

用脏以后，将丝袜解下清洗即可。

STEP 1

收集适量的蛋壳。

STEP 2

将蛋壳放入丝袜中，并捏成小块碎片，再绑上丝袜口。

蛋壳清除开关盖污点

厨房里的开关盖经常沾上一层厚重的油污，用抹布清洗不方便，效果也不好，如果利用鸡蛋壳来处理油污，既方便又经济适用。

STEP 3

用装好蛋壳碎片的丝袜擦拭开关，直至干净为止。

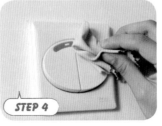

STEP 4

再用干净的湿抹布擦拭一遍，开关盖就焕然一新了。

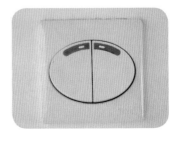

客厅巧布置

家具布置的注意事项

客厅家具布置首先要注意客厅的宽敞问题，也就是说要根据客厅的面积大小来摆放家具，家具摆放得好，客厅的空间才能得到有效的利用，表现出比较宽舒的氛围；客厅的家具不宜太多，客人来了心情才会轻松随和。

家具的布置，一定要注重整体风格、色彩搭配的协调性。沙发作为客厅内陈设家具中最为抢眼的大部头，应该追随和配合居室的天花板、墙壁、地面、门窗等的颜色风格，做到相互衬托，协调统一，达到最美好的效果。沙发布置在形式上一般有三种，即面对式、L式、U式三种，摆放不同所呈现的效果也会有差异。

客厅想要营造宽敞的视觉感受，墙体空间的利用就显得尤为重要。那么，如何巧妙地利用客厅墙面呢？

墙面上的格子柜：格子柜显然是现代装修一道亮丽的风景，不仅能使墙体空间得到充分利用，增加收纳效果，而且其所带来的室内层次感也相当令人赏心悦目。

墙体空间巧利用

凹凸式吊顶：凹凸式吊顶设计能够增加立体感，并与中央的吊灯一起挑高了空间，沿边增加灯槽设计，可以进一步提升空间亮度。

巧选家庭饰画

为了保证家居的美感，很多家庭会选用装饰画来对墙面进行装饰，以使得整体氛围更加融合。

装饰画画框颜色要与环境融合

家中总是充满各种色彩，无论是墙壁色，还是家具、地面、窗帘、沙发等的颜色都会各不相同，这个时候画框的选择主要考虑的就是环境陈设与作品本身的色彩。如果室内陈设以白色为主调，画框颜色就不宜太深重；反过来，室内陈设色彩浓烈，就不宜选择全白的画框。至于作品本身，画框的颜色应与之协调，对比不应太强烈。

家居装饰画的整齐划一

在同一空间或相关联的空间，只要视线范围能够覆盖不同画的时候，居家配画的风格、种类就要尽量统一，例如同为素描、同为油画或同为摄影作品等；同时还包括装饰画的颜色、画框风格等，这样装饰画所表现出来的风格就能彼此协调，并相呼应。

释放整体空间感

在选择装饰画的时候首先要考虑的是画所挂置的墙壁大小，以选择适当尺寸的装饰画及画框。与此同时还要将空间的因素考虑进去，当此空间中已有较多的家具或其他装饰品时，就要考虑面积较小的画，甚至舍去装饰画，给空间足够的留白，这样才不会产生压迫感，更能突出整体的美感。

客厅灯具的选择

①客厅的灯具应该选择吸顶灯或者吊灯，这样会显得庄重而明亮。

②在灯具的造型方面，不仅要求美观、大方，而且其风格应与居室整体的摆设和色调达到统一。

③灯光的色调以柔和为宜，这样可以为房间营造出温暖的氛围。

④光线强度应该适中，如果客厅面积较大，可以在墙壁上装一对壁灯；客厅中间如果有茶几，可以在后方摆一盏落地灯；沙发的对面不宜安装灯具，以免刺眼。

Part 5

巧主妇的卧室总是那么舒适、温馨

我们每天三分之一的时间都得在卧室度过。
卧室都不能保证干净，生活还能愉悦美满吗？
打造合格的居住环境，清洁、收纳全都离不开。
拿起工具，跟着我们一起活动起来吧！

卧室巧清洁

窗帘清洗有妙招

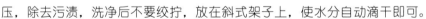

天鹅绒窗帘

把窗帘拆下来后浸泡在中性或碱性洗涤剂中，也可以加适量食盐，用手轻轻按压，除去污渍，洗净后不要绞拧，放在斜式架子上，使水分自动滴干即可。

静电植绒布窗帘

这种窗帘切不可泡在水中揉洗或刷洗，只需用棉纱头蘸上少量酒精或汽油轻轻擦试即可。如果绒布过湿，千万不要用力拧绞，以免绒毛掉落，影响美观，可用手轻轻压去水分，再让其自然晾干，即可保持植绒原来的面目。

帆布或麻制的窗帘

用海绵蘸些温水或肥皂溶液或氨水溶液混合的液体进行擦抹，再拿到阴凉处晾干后，卷起来即可。

滚轴窗帘

将窗帘拉下，用湿布擦洗。滚轴部分通常是中空的，可以用一根细棍，一端系着绒毛伸进去不停地转动，可简单除去灰尘。

软百叶窗帘

在清洗前要把窗帘全部关好，往窗叶上喷洒适量清水或擦光剂，用抹布擦干，即可较长时间使之保持清洁光亮。窗帘的拉绳处，可用一把柔软的鬃毛刷轻轻擦拭。如果窗帘较脏，则可用抹布蘸少许氨水溶液擦拭干净即可。

木质地板的清洁

木质地板较怕水，清洁时要先用吸尘器去尘，再用半干的抹布或拖把擦洗干净。

如果地板上有油渍或者果汁留下的痕迹，用抹布蘸上淘米水拧干再涂抹，就能除去污渍。

同时，还要定期给木质地板上蜡进行保养，以延长地板的使用寿命。

瓷砖地板的清洁

瓷砖地板清洁起来相对容易，日常清洁可以用海绵块蘸上洗洁精或者肥皂，再加上一点松节油的混合液来清洗，可使瓷砖恢复光洁明亮。

瓷砖的缝隙比较难清理，可用小刷子刷干净后，用毛笔涂一层防水剂。

如果不小心让瓷砖多了几条划痕，涂上牙膏用干布擦拭，便可以恢复原样。

卧室地板巧清洁

卧室空气质量要有保障

卧室是我们重要的生活居住空间，对空气质量的要求较高。如果空气质量太差，就会严重影响我们的正常生活。

想要室内空气清新，可以采用几种空气净化方法。

植物净化

某些类型的植物可以起到净化空气、除尘、杀菌的作用，尤其像仙人掌、芦荟等，可以帮助提升空气质量，适合在卧室里养。

化学去除法

对于蟑螂、老鼠、螨虫等生物类污染物，可以采用杀虫剂、除霉菌剂、杀螨剂等，也可以采用如过氧乙酸、乳酸、甲醛等化学喷雾剂来熏除，但其副作用也较大，不建议常用。

活性炭过滤法

活性炭（包括纤维活性炭）是一种优良的吸附剂，含有丰富的微孔，因此其吸附量很大。现在市面上利用活性炭制成的香包等空气净化产品也越来越多，可以广泛适用于室内空气的脱臭净化。

巧除卧室墙壁旧装饰

如果是瓷砖墙壁、木板墙壁和油漆墙壁，可以使用去壁纸剂，加少许清水调和，再用专用墙壁刷涂刷在旧装饰上，等去壁纸剂完全渗入之后，就可以用手剥除，较坚硬的旧装饰可以用刮刀刮除。如果再清理不干净，可以使用去渍油，同样涂刷在旧装饰上，以去除痕迹。

如果是贴了壁纸或刷了乳胶漆的墙壁，可以用专业墙壁刷蘸水后刷在旧装饰上，待水渍渗透，再用手剥离或用刮刀刮除，无法去除的部分可以用吹风机吹干，因为阴湿的旧装饰会在遇热后膨胀，那时便可将其轻松去除。

巧除卧室墙纸污渍

如果是装饰物留下的压痕，可以喷上适量清洁剂，待湿润后用抹布包住刷子来刷墙面，也可以先用橡皮擦轻轻擦去痕迹，再用砂纸轻轻打磨一下。

如果是贴了纸质或布质墙纸的墙壁，小面积污垢可以用橡皮擦去除，大面积污垢则要喷洒酒精，再用略湿的抹布擦拭，但千万不能用水洗。

如果是贴了塑胶墙纸的墙壁，可以先喷洒清洁剂，再用略湿的抹布擦拭即可。

巧除卧室墙纸油渍

墙壁上沾染油渍，停留时间若不是太长，可先撒上一些滑石粉，再用熨斗熨一下，借助滑石粉遇热能迅速渗透的特性，再加上油渍遇热会呈液态，从而与墙纸分离，之后只要用一张吸水纸就能将油渍吸走。但如果是停留时间太长久的油渍，则建议彻底更换墙纸。

巧洗枕套

枕头是我们睡觉时不可或缺的用品，因为长期与头发接触，枕套上很容易残留汗渍、油渍，如果长时间不清洗，就会变色、变味，又因为长时间受到挤压而容易变形。

使用一般的清洗方法可能很难将枕套上长期积累的汗渍、油渍洗净，所以，可以先用适量洗发水涂抹在枕套的油渍、汗渍处，用手轻轻揉搓后，再将枕套放到加了洗衣粉的水中浸泡搓洗，再漂洗干净即可。

巧洗枕芯

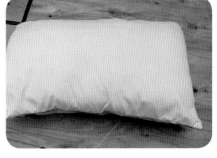

羽绒枕芯：这类枕芯质轻、透气、蓬松度好，不易变形，不宜机洗。清洗时，先将枕芯放入冷水中浸泡20分钟，再放到30℃温水中，加适量中性洗涤剂和4匙白醋浸泡15分钟，再用软毛刷刷洗干净即可。

化纤枕芯：这类枕头的透气性较差，用久易变形、结块，除了勤清洗，每年至少更换一次。清洗时宜选用温和的洗涤剂，如果是机洗，应先包上一块大毛巾以均衡水流，防止变形。化纤枕芯一定要多漂洗几次，洗后要尽快烘干，有助于枕头恢复弹性。

床单清洁有窍门

床单建议每半个月清洗一次。如果是绒面的床单，可采取干洗，以防掉绒。

先将床单拆卸出来，放入冷水或温水中浸泡片刻，然后放入加了苏打水的洗涤剂溶液中浸泡20分钟，再捞出来放入洗衣机里漂洗干净。为防褪色，不建议用热水浸泡。

床垫清洁有窍门

床单是保护床垫很重要的物品，在床垫上铺上一层床单，可以防止污垢直接弄脏床垫或渗入床垫内层。

如果床垫上沾了污垢，可以用肥皂轻轻涂抹污渍，再用略湿的软布按压，吸走污渍，然后用吹风机将浸湿的部位吹干，以免产生异味。

床垫要定期用吸尘器或者略湿的抹布清理，以赶走残留在床垫上的皮屑、毛发等脏物。

凉席清洁有窍门

方法一：用蘸了稀醋酸的抹布或毛巾，将凉席正反两面擦拭干净，再换上湿抹布擦两遍去除酸性液体，这种方法可使凉席保持光洁，也可以避免凉席泛黄。

方法二：用干抹布或毛巾蘸上洗涤剂，将发了霉的凉席正反两面擦拭干净，可以消除霉渍。

方法三：用棉花棒蘸上双氧水，将凉席正反两面擦拭干净，可以改善凉席上的黄色痕迹。

方法四：把粗盐撒到凉席上，然后拍打，使污垢与粗盐混合，再用吸尘器吸走，可有效去除粉状污渍。

巧洗羽绒被

羽绒被最好用手洗，且要水洗，不能干洗。因为干洗的药水容易影响羽绒被的保暖性，使布料老化，而用机洗容易因为绞拧而导致填充物厚薄不均。

将羽绒被放入冷水中浸泡20分钟，充分湿润，再放入加了洗涤剂的30℃温水中浸泡10～20分

钟，用软刷洗净之后，将羽绒被漂洗两次，再在温水中放入两小汤匙食醋，能够中和羽绒服或羽绒被内残存的洗涤液。

需注意的是，羽绒被洗后不能拧干，只能自然风干。一般1年清洗一次即可。

巧去卧室地毯上的樟脑味

为了使卧室地毯防潮、防蛀，收纳时，很多人会选择适当放点樟脑丸，以达到防潮、防蛀的效果，但这样做之后，一旦将地毯重新拿出来使用，就会散发出一种十分难闻的气味。

其实只要在使用前在地毯上均匀地撒上芥末粉，放置几天等到气味散去，再用吸尘器吸掉芥末粉，这样就可将地毯上的樟脑味去除了。

卧室地毯除螨小窍门

地毯除螨的方法有两个。

面粉糊除螨

取600克面粉、100克盐和100克滑石粉，用水调匀，再加入30毫升白酒，混和均匀后，加热调成糊状，冷却后将糊状物切小块，撒在地毯上，再用干毛刷轻轻刷拭地毯至其干净即可。

肥皂水除螨

先用浸过肥皂水的扫帚在地毯上清扫，在清扫过程中，扫帚应不时放入肥皂水里浸润一下，以免灰尘扬起。用扫帚扫两遍之后，在地毯上撒适量食盐，这样不仅可以吸附灰尘，还能使地毯保持光泽。

卧室地毯上的油渍巧去除

卧室地毯很容易藏污纳垢，如果一不小心，会沾上来自厨房、卫生间等地方带来的油污，要是放着不管，时间久了还很难清洗，非常影响地毯的美观。不过，不用担心，有方法对付它。

可以将洗涤剂与清水混合，稀释成泡沫，再涂抹在油渍上，用旧牙刷轻轻刷洗，并用略湿的毛巾辅助擦拭，再用吸尘器吸干即可。

卧室地毯上的汤汁巧去除

当卧室地毯不小心沾上了茶水、咖啡、酱油、啤酒等液体时，不用担心，可以采用专用的地毯清洗液、硼砂液或洗涤剂等，用一把干净的毛刷，蘸上适量清洗液，在地毯上反复刷洗，最后用清水洗净即可。

清洗地毯时最好不要用热水，以免地毯里含有的蛋白质成分受热凝固，从而增加清洗的难度。

卧室地毯上的陈年污垢巧去除

卧室地毯上依附的陈年污垢在清除的时候要多费点功夫。

先将清水洒在污垢周围20厘米处，再喷上专用的地毯洗涤剂，静置片刻，再用鞋拔子慢慢刮除，这样可以除去大部分污垢。

之后，再用毛巾蘸上适量洗涤剂，并轻轻反复擦拭，使污垢慢慢溶解，再用湿毛巾擦去污垢和洗涤剂，等晾干后，用尼龙刷梳理一遍地毯即可。

卧室地毯上的糖果巧去除

卧室地毯一旦粘上糖果、口香糖等带有黏性的东西，如果不采取紧急措施，将很难清理掉，即使清理掉，也会在地毯上留下难看的痕迹。

要想去除糖果，就要在最快时间内，用装了冰块的塑料袋覆盖在糖果上，静置约30秒，当用手能感觉到糖果与地毯的连接不是很紧密了，即可取下塑料袋，用刷子一刷，或用手将糖果去除。

卧室巧收纳

巧用衣柜顶部

如果你的衣柜顶部总是空置着，落上厚厚的灰尘，不知道如何利用，那可以学学下面的妙招。

不应季的物品总是很碍眼，要用的时候也不见得马上能见到，现在你可以将他们分类放在大小合适的箱子里，然后贴上标签，直接将它们摆放在柜子顶部，这样柜顶就被巧妙地利用起来了。

垂直放置更合理

平时我们习惯把衣物、棉被等物品平放在衣柜里，这样很容易浪费衣柜的上部空间，如果改为垂直放置就可以把这些空间完全利用起来了。

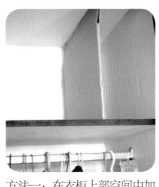

方法一：在衣柜上部空间中加上隔板，可以将物品垂直放起来，既省空间，又方便拿取。

方法二：把一些物品用盒子、袋子装起来垂直放进衣柜，可以省不少空间。

衣柜内侧巧利用

衣柜用于收纳是再合适不过的了，而衣柜中往往也潜藏着你意想不到的收纳空间。

比如，挂上衣服之后，空荡荡的内侧壁还闲置着，这时，你有没有萌生出将其利用起来的想法呢？操作方法很简单，只要在内侧壁加一排挂钩，或者是挂上一个挂式收纳盒，这样一来，你的围巾、腰带或零散的零部件就都有落脚的地方了。

巧用吊挂衣服下面的空间

悬挂衣服下面的空间如果还堆放衣物的话，找起来总是觉得很乱。

其实，这个地方的空间还是可以很好利用起来的，只需要灵活运用一些收纳箱来完成。可以将衣物、饰品等放进收纳箱里，这样一来，每次要取用的时候就会变得比较方便，而且想要打扫的时候，也不会摸不着头绪了。

床下设置收纳空间

①对于床自带的收纳柜，只需要先将原有的东西清理出来，将收纳柜用抹布擦拭一遍去掉灰尘，再将东西重新分门别类整理干净，放回收纳柜中即可。

②如果是床下有空间但不带收纳柜，可以另外购买床下收纳箱来收纳东西。由于地板湿气较重，建议优先选择塑料材质的收纳盒，且要密封性好、不容易沾上灰尘、透明的收纳盒。当然，购买前应量好床下空间的尺寸，以免不匹配。

床尾收纳小窍门

如果卧室的空间较大，且在床尾留出了一定的空间，为了贯彻"空间巧利用"的大准则，应该将其好好利用起来。

在床尾放置床凳，再在床凳下放置收纳柜，可以收纳衣物、薄被、书籍等物品，这样就节省了衣柜里的空间以放置更多物品。

床头上方空间的利用

我们的卧室里还有一个地方，是很容易被忽略但却非常适合做收纳空间的地方。那就是我们床头上方的空间。

床头上方经常被留白不用，但如果可以安装上墙挂式的橱柜，就可以用来放置一些衣物、零散物品等重量较轻、体积较小的物品，这样一来也能增大卧室的收纳空间。

如何利用床头柜

大多数家庭的床前都会放置一个床头柜，既起到美观作用，同时，也能发挥很好的收纳作用。

床头柜上的空间一般可以放置闹钟、相框、台灯、电话等常被使用到的小物件。

旧式的床头

柜一般有上下两格，上面的小格可以放置一些文件、信笺、手表、书籍等体积较小的物品，下面稍大点的格子因为空间较大，就可以容纳体积较大的物件，比如旅行包、较薄的被褥等。也可以放上储物箱，装一些零散物品。

如何放置枕边图书

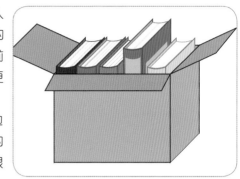

现在很多人都有睡前阅读的习惯，一本"睡前物语"可让你更好地进入梦乡。

但是，枕边图书该放哪里呢？很多人习惯直接放在床旁的桌子上，但是夜起的时候，摸到的不是台灯或眼镜，而是一堆书，会不会很慌乱？

所以，在床边配上一个小的储物盒，里面摆放上几本你最爱的读物，想看时随手捞起，不想看时直接放进去，然后推进床底下即可。

如何摆放儿童玩具

家里有了宝宝之后，相应的，儿童玩具也会变得多起来。

试想一下，那么多玩具在家里堆积着，如果不好好整理下，就会使原本整洁的家变得杂乱不堪，严重影响到居住环境的质量。

如果你正好是一位在为宝宝满地的玩具而头痛的妈妈，那就赶紧来学一学如何自制玩具收纳柜吧。

①先找出一些大小差不多的纸箱，如果纸箱够深，可以直接将盖子部分去掉，不够的话用胶布粘起来加高。

②将纸箱翻过来，底朝上，把三个拼在一起用胶布将底部粘贴成一排。

③根据宝宝玩具的多少，可以将几排纸箱拼在一起，用胶布粘牢固，可在外围绕几圈加固，这样柜子大概就成型了。

④将做好的柜子立起来，靠着墙摆放，如果纸箱之间还有空隙的话，要用胶布全部粘好，最后可以选择自己喜欢的颜料或者壁纸，给收纳柜换色彩。

⑤玩具的摆放可以按照大小轻重，由下至上地摆放，这样既稳固，取放的时候也很方便。

巧用卧室小空间

即使卧室空间很小，利用好边边角角，也能腾出许多空间。

柜子旁边的空间不大不小，正好可以摆放扁长的收纳盒，也可以存放封好的凉席，或者在侧面钉上挂钩，就能将袋了、包包挂在上面了。

门后面的墙上可以钉上挂钩，就可以挂上你的羽毛球拍或者刚脱下的外套。如果转角处的空间够大，也可以摆放小储物柜。

我们每天生活的卧室里，除了边边角角可以存放物品，更不要忘了那几面装饰一新的墙壁。

巧用卧室墙壁空间

对于喜欢在床头放照片的人来说，在床头的墙面上挂上绳线，再夹上几个夹子，这样一来就可以将想要展示的照片用夹子夹住之后挂在绳子上，既能大大提高照片的展示功能，也能很好利用偌大的墙壁。

除了照片，像电话本、便签等，都可以用同样方法夹起来。

巧用楼梯空间

楼梯下的空间是很容易被忽视的地方，但其实可以将这部分空间归入卧室，装上门之后布置成一个简易储藏室，就能用来存放东西了。

如果想将物品收纳得更整洁，可以多摆放几个收纳箱，分别装进不同的物品，需要的时候选取其中一个拿出来即可。

被子有多种款式，不同的被子有不同的收纳方法，蚕丝被、人造纤维被、羊毛被不同于一般的棉被，最怕的就是重压。

下面就来讲解下收纳蚕丝被的技巧。

STEP 1

材料：废弃的裤袜、床单。

STEP 2

先将蚕丝被分成三等分折叠。

STEP 3

将被子卷起，卷成圆桶状。

STEP 4

◀ 用废弃的裤袜将卷好的棉被捆好。

把捆绑好的被子放在床单斜角，用床单包裹好 ▶

STEP 5

换季的时候，暂时有一段时间不会用到的被褥或凉席就要适当存放起来。

为了很好地保存凉席、被褥，挑选合适的收纳位置很重要。

被褥清洗干净之后，

可以放在专门的被袋中，也可以放在真空袋里面。先将被褥放在洗净的真空袋内，然后将袋口封实，再用抽气筒从气嘴处将空气抽尽，最后拧紧防尘盖就大功告成了。只要真空袋不漏气，存放数月都是没问题的。

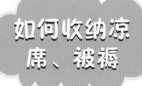

凉席存放前最好用盐水刷洗干净，然后放在阴凉处通风晾干，再将凉席从里侧卷起来，用纸包裹好捆紧，装进手提袋里面，放在阴凉通风的地方即可。

爱美的女士，化妆品也多，堆在一起，真是包罗万象，但就这么摆在桌子上，高矮不一、大小不一，不利于空间上的美观。

如果用纸巾盒收纳起来，就显得美观多啦！

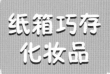

纸箱巧存化妆品

STEP 1

将纸箱上下两边封起，要先粘较长的一边，短边在外。

STEP 2

纸箱正面底部留3厘米后画记号，再与侧面中心点连接。

STEP 3

用刀片割开记号线处，并掀开，使其成为两层柜。

STEP 4

用包装纸装饰下纸箱。注意两侧不要粘住，以便上层盖下来。

然后就可以将化妆品放入空格内。

STEP 5

卧室化妆品收纳技巧

女士的化妆用品很多，为了更好地使用，需要将其有技巧地收纳起来，以免占用了空间，还不方便使用。

下面就来学一学化妆品的收纳技巧吧！

方法一：把每日都使用的化妆品码放整齐，但要保持干净！

方法二：用梳妆台收纳化妆品，能起到不错的效果。

方法三：壁柜的空间大，能放很多化妆品，且容易拿取。

方法四：用小盒子存放化妆品，既方便又美观。

女生的小玩意总是特别多，包括饰品、小玩具等，一时兴起买回来之后就随处乱丢，或者一不小心就不见了。如果用小容量的牛奶盒做成收纳盒，就可以轻松解决问题了。

牛奶盒巧收纳·小饰品

STEP 1

材料：空牛奶盒、双面胶、包装纸、剪刀。

STEP 2

把准备好的牛奶盒从上端剪开，剪成平角。

STEP 3

将牛奶盒的四周包上自己喜欢的包装纸。

STEP 4

把多余的包装纸塞进牛奶盒里。

再放入我们需要放置的物件即可。

STEP 5

多功能衣架：多功能衣架可以将围巾、皮带、挂饰等物件挂放整齐，避免了收纳在抽屉里会出现的缠绕现象，更方便取用。

挂式储物格：可以收纳内衣、内裤、围巾、针织衣物等物品，由于是分成多个格子收纳，所以既便于分类和查找，又可以充分利用衣柜的立体空间。

卧室巧用配件分类收纳

储物箱：像过季不穿的衣服或暂时不用的物品，都可放在储物箱里，再存放到角落里。如果为了方便查找，还可以在储物箱上贴上标签，方便管理。

挂衣杆：用于挂放熨烫后的衣服，因为可以拆卸，更有助于空间的利用。

收纳盒：可以收纳领带、袖口、皮带等物品，体积较小的收纳盒还可放进衣柜，不占用太多空间。

Part 6

巧主妇总能让自己和家人的衣物始终如新

上衣、裤子、鞋子等等，天天都要穿，天天都得用。

洗干净、晾干了的衣物，怎么处理才正确？

清洗、收纳、折叠、保养……样样都有讲究。

花点心思，花点功夫，从最基础处开始做起吧！

衣物巧清洁

有些衣物穿得时间久了，难免会有泛黄迹象，尤其是白色衣物。可以采用以下几种方法来将衣物洗白。

泛黄衣物洗白有妙招

洗涤剂煮洗法

可以先将泛黄衣物放入洗涤剂溶液中简单洗涤下，并大致脱水。再往锅中倒入少量清水，倒入洗涤剂混匀，大火烧开后放入泛黄衣物，改用小火煮20~30分钟，不时翻转使衣物煮洗均匀，并适当加水，以免水烧干而毁坏衣物。最后将泛黄衣物捞出，再按照平时的洗衣服程序进行漂洗、脱水，就可以达到洗白效果。

柠檬水清洗法

可以取一个柠檬切成厚度均匀的片，再放入盛好清水的锅中，大火烧开后改小火稍煮片刻后出锅，稍凉，再放入泛黄衣物，浸泡约15分钟后捞出，用传统方法清洗，即可使衣物变白。

菠菜水清洗法

先将适量菠菜放入沸水中烫煮3分钟后捞出，滤去汤汁凉凉，再将泛黄衣物放入菠菜水中揉搓，浸泡10分钟后捞出，以传统方法将衣物清洗干净即可。菠菜水之所以能使泛黄衣物洗白，是因为衣物上黄色的污渍主要成分是蛋白质，而菠菜经水煮后，能释放可溶解蛋白质的成分。

防止衣服褪色有妙招

直接用染料染制的条格布或标准布，一般颜色的附着力较差，因此洗涤前要先放入加了盐的水中浸泡10~15分钟再洗，以减少褪色。

用硫化染料染制的蓝布，一般颜色的附着力较强，但耐磨性较差，因此洗涤前要先放入洗涤剂中浸泡约15分钟，用手轻轻搓洗后再漂洗干净，以防止褪色。

用氧化燃料染制的青布，一般染色比较牢固且有光泽，但一遇到煤气等还原气体，衣服会容易泛绿，因此只要避免将青布放在炉边烘烤，既可防止褪色。

用士林染料染制的各种色布，一般染色较坚固，但因颜色是附着在棉纱表面的，一旦棉纱的白色部分露出来，就很容易造成褪色、泛白等。因此穿这类色布时千万要防止摩擦。

不管是哪一类的布料，在清洗后都应马上漂洗干净，再放到阴凉、干燥的地方自然风干，以保护衣物。

去除衣服上的霉味

天气很潮湿或者衣服在衣柜里放久了不穿时，衣服就会散发出一股刺鼻的霉味。

如何快速、有效去除霉味不知难倒了多少人！尤其是急着出门时，去除衣服上的霉味更是急待解决的问题。这时不妨尝试以下的小窍门。

STEP 1

在洗衣盆里倒入清水，然后放入两勺白醋和半盒牛奶。

STEP 2

将衣服放在牛奶和醋的混合液中浸泡10分钟左右。

STEP 3

用手轻轻地揉搓衣服。

STEP 4

最后用清水彻底冲洗干净，再晾干即可。

牛仔裤在清洗之后很容易掉色，但只要在第一次清洗前，将牛仔裤浸泡在浓度较大的盐水中1小时，再捞出放入洗衣机洗，就不容易出现掉色现象。

如果用以上方法操作后还会轻微掉色，那么在以后每次清洗前，都要先放在盐水中浸泡片刻，以防止继续掉色。

口红是装点嘴唇的最佳利器，可以提升整个人的气质，但若是不小心将这美丽的印记落在衣服上，恐怕功能就要适得其反了。

一不小心将口红蹭到衣物上，相信不少人都遭遇过这种令人尴尬的状况。

想要解决这一困境，办法很简单。

用一把干净小刷沾上适量汽油，在口红印处轻轻刷擦，待口红渍清除干净后，再放到加了洗涤剂的温水中漂洗干净即可。

衣服不小心被生锈的水管、扶栏等蹭到，是生活中常见的事，因此留在衣服上的锈渍该如何处理掉，也自然成了困扰大多数人的一个问题。

方法一：首先将有锈渍的衣服用清水浸湿，再将3~4粒维生素C片捣碎成粉末，撒在已经浸湿的锈渍处，轻轻揉搓至锈渍褪去，再将衣物漂洗干净即可。

方法二：用50℃左右的温水混合上2%的草酸溶液，将衣服浸泡在溶液中，去掉锈渍后，再捞出漂洗干净即可。

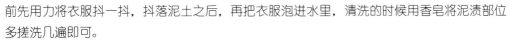

巧去衣物上的草渍和泥渍

喜欢运动或者爱玩闹的小孩有时候在草地里嬉戏，跟草地有过多亲密接触，很容易粘上草渍、泥渍，使衣服变脏。

粘上了泥土的衣服，清洗之前先用力将衣服抖一抖，抖落泥土之后，再把衣服泡进水里，清洗的时候用香皂将泥渍部位多搓洗几遍即可。

如果是粘上草渍的衣服，只要在清水中混入适量盐，再搅拌均匀后，放入待洗的衣物浸泡15分钟，在这过程中轻轻搓揉有草渍的部位，最后再捞出衣物，将衣物漂洗干净即可。

这两种方法可以同时使用，更便于将草渍、泥渍一并清洗干净！

巧去衣物上的巧克力渍

很多人爱吃巧克力，吃的时候不小心蹭到衣服上，就会留下难看的污渍，既影响美观，又会破坏衣服。

要洗掉污渍，很多人首先想到的是用水洗，但是这种做法不适用于清除巧克力污渍。

那么，到底该如何才能去除衣物上的巧克力污渍呢？

衣服上沾到巧克力，千万不能立即用水洗，而是要先用硬卡片或者硬纸板将掉落的巧克力轻轻刮掉，再提起衣服的边角，用力抖动，尽量使巧克力碎屑脱离衣服。

进行了上述步骤后，用毛巾或海绵沾上适量清水，将沾了巧克力的污渍处浸湿，再将适量洗涤剂涂抹在污渍上，用力揉搓，直至将巧克力污渍清除。

巧去衣物上的血渍

有时候不小心磕碰到会流血，衣服上就会残留血渍，必须清洗掉。

衣服上的血渍一定要冷水清洗，因为血中含有蛋白质，遇热就会凝固，所以用热水洗反而不易使血渍溶解。

可以用硫黄皂来搓洗出现血渍的部位，有显著效果。

此外，还可以用白萝卜或者胡萝卜捣碎成汁，混入适量精盐，再用小刷沾上，将血渍轻轻擦除即可。

巧去衣物上的油漆渍

如果衣物刚刚沾到油漆，只要马上用松节油涂擦，就可以去除油漆渍。

如果衣服刚沾上油漆不久还未干，可以先用煤油反复涂擦，再用适量稀醋酸轻轻涂擦，最后用清水漂洗干净即可。

如果是沾染时间较久的油漆渍，可以先滴上几滴酒精，再放入温水中，用肥皂漂洗，即可去除油漆渍。

巧除衣物上的口香糖

要想除去衣物上不小心粘上的口香糖，可以尝试下面的几种方法：

方法一：将几滴汽油滴在口香糖上，因为汽油是可以溶解掉口香糖的。溶解掉口香糖之后，再根据被污染衣物的洗涤说明，将衣服洗涤干净，就可以除掉衣服上的汽油味。

方法二：先将生鸡蛋清涂抹在口香糖上，再用手轻轻搓揉，以去除衣物表面上的黏胶，待黏胶变松散，便将表面的残余粒点逐一擦去，之后就可以将衣物放入洗涤剂溶液中洗涤，再经过漂洗即可。

方法三：如果是不能水洗的衣料粘上了口香糖，就要先用四氯化碳涂抹在口香糖上，待去除表面的黏胶后，再放入洗涤剂溶液中清洗，即可去除口香糖胶渍残留物。

衣服白斑、
霉斑巧处理

如果衣服经过清洗、晒干后还有难看的白斑，多半是因为洗衣粉用量没有控制好，使得洗衣粉没能完全溶解，以致出现白斑。

在平时清洗时，要注意先投放洗衣粉，待洗衣粉充分溶解在水中之后，再放入待洗的衣物，这样一来，就可以避免白斑的发生。

如果出现白斑，且是用手洗的衣物，那么只要重新漂洗干净就可以了。

如果衣服沾染的是漂白水而出现白斑，那么就无法用其他化学药物去消除这些痕迹了，因为原本的色素已经被漂去。如果想去除这些白斑，就只能将整件衣服翻染成更深的颜色，否则无法另行处理。

有时因天气闷热、空气潮湿，洗过的衣服很容易出现霉斑，尤其是白色衣服。

长了霉斑就只能把衣服扔了吗？其实还是有方法可以挽救的。

一般情况下，霉斑可以直接放在日光下暴晒，再用刷子清掉霉毛，用酒精洗除即可。

如果是白色衣服，可以用2％的肥皂酒精溶液（250克酒精加一把软皂片搅拌均匀）擦拭，再用漂白剂3％~5％的次氯酸钠或双氧水擦拭，最后再放到清水里洗涤干净即可。这种方法限用于白色衣物，陈迹可在溶液中浸泡1小时。

STEP 1

将衣服上有亮光的地方摊开，用喷水瓶喷湿。

平时接触物品时，有时会发生摩擦，次数一频繁，在上衣的肘部、裤子或裙子臀部位置等地方就会出现亮光，难以去除。

出现亮光容易影响衣服的美观，可以采用以下方法来去除亮光。

**去除衣服上的
亮光**

STEP 2

将棉布浸水，拧干后盖在有亮光的部位。

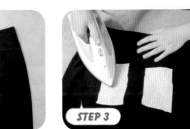

STEP 3

用熨斗轻压一下，立即提起，反复数次直至熨平（注意不可将熨斗水平拖动）。

STEP 4

最后，用牛皮纸替换棉布盖到衣服上，再把衣服熨烫干净即可。

巧去衣物上的茶渍

有些人喜饮喝茶，有时候不小心，就会使衣服沾上一些茶渍。

茶渍停留在衣物上的时间如果太长，会很难去除，如果是白色的衣服，留下这样一块污渍等于使这件衣服废掉了。

要想成功去除茶渍，可以参考下面的方法。

方法一：刚刚沾上衣服的茶渍，可以在第一时间，用70~80℃的热水进行搓洗，就可以将茶渍清除。

方法二：将适量鲜柠檬榨汁，将汁液滴在茶渍上，反复揉搓，再用洗衣液洗净即可。

方法三：用少许醋液滴在茶渍上，用手轻轻揉搓，再用洗衣液洗净即可。

方法四：如果茶渍残留了一段时间了，应该先将衣物放入浓度较高的盐水中浸泡，或者用1:10的氨水、甘油混合液轻轻搓洗，再用清水漂洗干净，即可去除茶渍。

方法五：如果是毛料沾染了茶渍，则应该用10%的甘油溶液轻轻揉搓，再放入洗涤剂溶液搓洗，最后漂洗干净，即可去除茶渍。

方法六：准备一瓶甘油溶剂和一个鸡蛋，将鸡蛋取出鸡蛋黄，把蛋黄和甘油溶剂均匀地涂在衣服上有茶渍的地方，溶剂稍干后，将衣服用清水漂洗干净，即可将茶渍洗去。

将衣服在桌上摊平，再将卫生纸覆盖在滴有蜡油的地方。

停电了，我们往往会点蜡烛。

蜡烛在燃烧时会产生蜡油，如果不小心就会滴在衣服上，要怎样才可以清除掉呢？

不妨试试这个小窍门吧！

去除衣服上的蜡油

用熨斗在覆盖了卫生纸的地方熨烫。

蜡油会慢慢被熔化，从而黏附在卫生纸上。

最后用清水漂洗，衣服上的蜡油就会不见了。

在现在的速食快餐中，西式快餐占据着非常重要的地位，而作为西式快餐中频繁被使用到的调味酱，自然当属番茄酱了。

STEP 1

在水中滴入适量甘油。

甘油去除番茄酱渍

番茄酱受到广大年轻人的喜爱，每次只要将食物蘸点番茄酱，他们就能吃得不亦乐乎。吃到兴致高时，眉飞色舞、手舞足蹈，一不小心，就连衣服也一起饱食了一顿，但过后看看那已经变干的污渍，就不禁要皱眉头了。

其实也不用着急，看似很难清理的番茄酱渍，也还是有方法可以将其去除的。

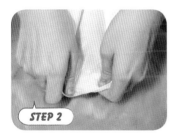

STEP 2

将衣服污渍处浸湿半小时。

STEP 3

先用毛刷轻轻刷洗，再用肥皂搓洗干净。

STEP 4

最后用清水冲洗干净即可。

巧去衣物上的酱油渍

如果衣物刚刚沾上酱油，只要立即用清水小心搓洗，就能将酱油渍全部去除，且不留下痕迹。

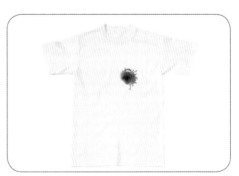

如果酱油沾在衣物上有一段时间了，可以取一片莲藕捣烂，再将其汁液涂在被污染的衣物上，用手轻轻揉搓，即可去除酱油渍。

如果衣物上沾染的酱油时间长了，可以用洗洁精或2%的硼砂水溶液轻轻搓洗，能有效去除酱油渍。

酱油渍在衣物上时间久了，还可以在洗涤液中加入少许氨水，先将衣物浸泡几分钟再进行搓洗，可去除酱油渍，但残留的色素还要经过漂白才能除净。

巧去衣物上的咖啡渍

如果是棉质衣服沾上咖啡渍，可先用油性除污剂进行简单处理，待溶剂蒸发干后，再放入中性洗涤剂溶液中清洗，最后氧化漂白即可。

如果是羊绒衫沾上咖啡渍，若是沾染时间较短，可用湿毛巾及时擦掉，再用少量洗涤剂擦拭干净即可。但如果咖啡渍停留时间较久，就要用软布沾上稀醋酸，轻轻擦拭干净。

如果是白恤衫沾上咖啡渍，且停留时间较久，可以将甘油与蛋黄混合，再用软布蘸着擦拭沾染部位，待稍干后再用水清洗干净即可。

如果是普通衣物沾上咖啡渍，应先用热水淋湿污渍，再放入肥皂水中清洗；如果用热水无法清洗干净，则用3%的双氧水擦拭，再用清水漂洗干净。

吃饭时一不小心，衣服上就会洒上菜汤，尤其是白衬衣，一旦沾上汤水的油污，清洗起来就很费劲，如果只是用平时的普通洗涤剂清洗，实在是很难去除。但是，如果用汽油配合肥皂来清洗，就可起到事半功倍的功效。

汽油清除菜汤渍

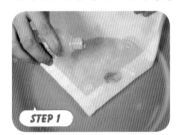

STEP 1

将汽油滴几滴在汤垢处。

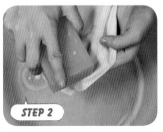

STEP 2

稍等2分钟后，再在汤垢处擦上肥皂。

STEP 3

然后用牙刷轻轻来回刷洗汤垢处。

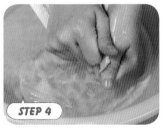

STEP 4

最后用清水冲净即可。

巧去衣物上的酒渍

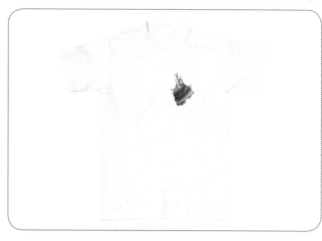

　　如果是刚刚沾上酒渍，立即脱下衣服，用清水即可洗净。

　　衣服上如果沾上了白酒渍，可以先将衣服浸泡在酒精溶液中，再加甘油溶剂轻轻擦拭，静置1小时后，用清水冲洗干净即可。

　　如果是白衬衣上沾了酒渍，为了确保清洗后不会留下痕迹，可以先用热牛奶轻轻擦拭掉酒渍，再用清水洗净。

　　如果衣服沾上的是啤酒渍，那么应该先浸泡在温水中一阵子，之后再用清水洗净。

　　如果沾上的酒渍时间较长，可以将肥皂、松节油、氨水以10:2:1的比例混合后用以擦拭酒渍，之后再用清水冲净即可。

巧除墨水渍

　　工作或学习时，衣服上常会沾上一些墨渍，尤其是白衬衣，沾上一些墨渍就很不雅观，清洗起来也非常困难。

　　怎样快速有效地去除这些墨水污渍？以下的方法就能帮助你解决烦恼。

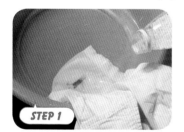

STEP 1

先用清水加洗衣粉浸泡衣物。

STEP 2

加入米饭粒一起揉搓，用纱布或脱脂棉将其洗除。

STEP 3

如有残渍，用氨水进行漂洗，然后再用清水冲洗干净即可。

STEP 4

用牙膏或牛奶反复揉搓污垢处，再用肥皂清洗，即可清除干净。

牙刷去除食用油渍

平常做饭或吃菜时，衣服上经常会沾上些食用油。

用一些平常方法虽然也可以清洁，但总会留下一点痕迹，总不能

STEP 1

衣服上沾食用油后，挤一点牙膏涂于有污渍处。

称心如意。其实去除食用油的污渍有一个最简单的办法，就是利用牙膏来清除。

STEP 2

用一把废旧的小毛刷轻轻擦拭几次。

STEP 3

再用肥皂稍稍搓洗即可除掉油渍。

STEP 4

最后用清水冲洗干净即可。

巧除衣物上的汗渍

衣物上如果出现汗渍，就要及时清洗，以免时间长了之后腐蚀衣物。

方法一：将衣物放入淘米水中，或者是豆浆水中，轻轻搓洗，再用清水漂洗，即可去除汗渍。

方法二：取一小块生姜，切成米粒大小，放在有汗渍处反复搓洗，再将衣物放入洗涤剂溶液中按正常方法清洗，即可去除汗渍。

方法三：将衣物放入浓度为3%~5%的冷盐水中，先搓洗几下，再浸泡半天后取出衣物，用肥皂水清洗干净即可。

方法四：用软布分别蘸上3%~5%的醋酸溶液和3.5%的氨水，轻轻擦拭衣物，再用冷水漂洗干净，即可去除汗渍。

皮革衣物巧清理

皮革类衣物不能直接用水洗，如果是经常穿的，可以用细绒布轻轻擦拭，去掉皮革表面的污垢。

如果衣物有受潮或霉变现象，可以用软干布擦拭，但不要沾水或汽油，之后最好再涂上一层石蜡，用软布擦拭均匀即可。

羊毛织物巧清洗

多数羊毛织物都应该采用干洗的方法，并且在干洗之前，要预先处理好污渍斑迹。

洗涤羊毛织物时要将内面向外翻，这样可以避免织物表面的纤维散落。

羊毛织物适合用高级丝毛防缩洗涤剂或柔和型不含漂白剂的洗涤剂进行洗涤，有助于保证织物不变形。

如果要使羊毛织物的外形保存完好，可以手洗，但应使用温水，水温最高不超过40℃。用温水漂洗后，再用冷水漂洗，最后用0.3%的醋酸液进行过酸处理。

正常清洗时，应该等洗涤剂充分溶解在水里后再放入衣物，浸泡约5分钟，再慢慢挤压衣物，但不要揉搓，以使液体完全透出。

要拧干时，可以将羊毛织物放在洁净的毛衣间拧干，但不可以绞拧；或者直接用机器烘干，但注意时间不宜过长。

丝绸衣物巧清洗

丝绸衣物进行洗涤前，先将适量洗涤剂倒入热水中溶化，待溶液冷却后，再将衣服放入，稍浸泡后，再用手轻轻揉洗，最好用清水漂洗干净。

在清水里放一点白糖，待搅匀化开后，放入已经洗净的丝绸衣物浸泡一段时间，之后再轻柔清洗一下，这样可以使丝绸衣物保持鲜艳的光泽。

丝绸衣物清洗干净后，最好不要用力绞拧，也不要放在阳光下暴晒，而应置于阴凉、干燥的地方进行自然风干。在这之中，由于印花丝绸衣物容易褪色，所以不适合用水来清洗，最好的方法是采取干洗。

呢料衣物巧清洗

清洗呢料衣物时，先将洗衣粉入水溶解后再放入呢料衣物浸泡20分钟后取出，卷成长卷，放入甩干桶中甩干后取出，再浸泡5分钟后反卷成长卷，放入甩干桶中甩干。上述动作重复多次，可以去除污垢，再将呢料衣物浸泡、甩干即可。

如果呢料衣物上有亮光，可用毛巾浸透1:1的水溶醋湿敷一会儿，略干后再湿敷一次，然后垫上干净的白色软布进行熨烫，即可恢复洁净质地。

棉质衣物巧清洗

将棉质衣物放在2%的草酸溶液中，水温控制在50℃左右，浸泡约3分钟，揉搓几下以去除衣

物上的污垢，再将衣物漂洗干净。

如果棉质衣物沾染了污垢，可将几片维生素C片碾碎，撒在浸湿了的污垢处，然后搓洗干净即可。

毛衣清洗有窍门

清洗毛衣，除了使用传统的方法外，不妨试试下面这种方法。

向装有开水的脸盆中，放入适量干净的茶叶，待茶叶浸泡出茶汤之后，将水凉凉，再滤出茶叶，留茶汤备用。

将待清洗的毛衣放入茶汤中，用手稍按压使毛衣完全浸泡在茶汤中，约15分钟。

在浸泡的过程中，可以用手轻轻揉搓毛衣，使各个部位都均匀受茶汤浸润。

15分钟过后，取出毛衣，再用传统方法洗干净毛衣即可。

羽绒服清洗有窍门

如果羽绒服沾染污垢的程度不是特别严重，可以不用水洗，而用一块软布蘸上中性洗涤剂，最好再蘸一点清水，轻轻擦拭，之后拿到阴凉处晾干即可。

羽绒服内部的填充物最忌水洗，因此如非必要，要尽量避免用水洗，即使是用水洗，也要注意方法。

具体的清洗方法如下：

①先将羽绒服放入清水中浸泡15分钟后取出，挤压出多余的水分。

②再将羽绒服放到混合了洗涤剂溶液的温水中浸泡20分钟（建议使用软毛刷轻轻刷洗，以免伤害到羽绒纤维，影响保暖性）。

③浸泡完毕之后，再用30℃左右的温水清洗干净。最后一次漂洗时在温水中放入少量食醋，可以洗净残留的洗涤剂。

④将漂洗干净的羽绒服用干毛巾包卷后吸去水分，再拿到通风处晾干即可。

衣领、衣袖污垢巧去除

衬衫的衣领、衣袖等部位，是特别容易弄脏的地方，如果只是用平时正常的洗衣方式来清洗，是很难一次性洗干净的。

①袖口、领口的污垢可以用洗发水来清洗，因为洗发水对皮脂污垢有较强的去污效果，只要用刷子沾上适量，轻轻刷洗干净即可。

②去除衣领、衣袖的污垢时，可以先把衬衫放入清水中浸湿，将软刷蘸上牙膏，均匀涂抹在衣领和衣袖处，然后用牙刷轻轻刷洗，再用清水漂洗干净，最后用肥皂仔细洗涤干净即可。

③先将领口、腋下部位用温水浸润，再撒上一些盐，涂抹均匀，然后用水漂洗干净，这样一来，就可以轻松吸走脏污了。

西装最好是干洗

由于西装的面料与衬里所采用的制作材料不同，经水洗后的收缩程度也不同，如果用水洗，不但容易起皱，还容易破坏衣料表面的光泽。

因此，西装最好选择干洗，而非水洗。

用护发素可使衣物更蓬松

有些衣服洗久了，质地会变得比之前僵硬，穿到身上感觉非常不舒服。

为了使衣物恢复蓬松质感，可以用适量护发素解决。将少量护发素加入清水中溶解均匀，再将衣物放入清洗，就能使衣物起毛而竖立的纤维硬度变小，从而使衣物恢复柔软触感。

领带清洗有窍门

领带不适合机洗。如果不小心弄脏了领带，可以用纸巾或手帕按在污渍上，切不可抹、擦，以免扩大污渍的痕迹，之后用湿毛巾轻轻擦拭，再用吹风机吹干即可。

注意吹风机不能太接近领带，以免温度过高而损坏了面料。

衬衫清洗有窍门

先将衬衫放入洗涤剂溶液中浸泡片刻，用手轻轻揉搓几下后捞出，再扣好所有纽扣，即可放入洗衣机中漂洗干净，最后用适量浆洗液浸泡片刻，有利于保持领口、袖口的挺括。

硬领衬衫不可以机洗，应先放入洗涤剂溶液中浸泡15分钟，再用软刷轻刷，不可以揉搓、绞拧。

带有花边的衬衫放入洗衣机清洗前，要扣好所有扣子并叠好，然后放到洗涤网罩后，再放入洗衣机清洗，晾晒时还要整理好带褶、带花边的部位。

兔毛衫清洗有窍门

兔毛衫的毛容易掉落，因此在清洗的过程中要格外小心。

清洗前，应先将兔毛衫放入白布袋中，再放入40℃的温水中浸泡片刻，倒入中性洗涤剂，边浸泡边轻轻搓揉，再捞出，继续用温水漂洗干净，就可以将兔毛衫连着白布袋一起放到阴凉处，晾至将干时，取出兔毛衫。

将兔毛衫铺平，垫上白布，用熨斗烫平后，为了使兔毛衫恢复柔软质地，可以用尼龙搭扣贴在兔毛衫衣面，轻飘、快速地向上提拉即可。

褪色衣物翻新有窍门

① 深绿、深红、深黑等深颜色衣服如果褪色，洗涤时往水中加几滴乙酸或食醋，再将衣服清洗干净，就能恢复原有色彩。

② 蓝色的绸缎衣服穿久了容易褪成淡紫色，这时放入硼砂溶液中浸泡1小时，就能恢复原色。

③ 呢绒衣服如果褪色了，可以在清水中加入少量氨水，再用拧干的白布铺在呢绒衣服上，用熨斗熨烫好即可。

人造毛皮衣物洗涤法

先用毛刷梳理皮毛，尽量将附着的异物清理掉。接着用拧八成干的湿布，轻轻擦拭毛皮表面，擦掉污渍。

再用棉签沾上洗衣液，反复涂抹脏污的地方，之后放置几分钟。

最后用吸水性强的海绵或者毛巾吸走大部分水分，再放在通风处晾干即可。

洗衣保护纽扣有妙招

为了防止衣服上的纽扣在洗衣机内清洗的过程中脱落，那么，在将衣物放入洗衣机之前，就要先小心扣好衣服的扣子，再将衣服翻面，内面朝外。

这样一来，纽扣就不易脱落，也不会损害到其他同洗的衣物了。

内裤巧清洗

内裤是贴身衣物，是第一层衣物。由于内裤是直接接触皮肤的，因此更注重清洁性，更需要勤洗、勤换，对保持自我清洁也有益处。

由于内裤含有水溶性的蛋白质，而蛋白质一旦遇热就会变质，发生凝固成为变性蛋白，且不易溶于水，从而增加清洗的难度。因此，清洗内裤最好用冷水，而不用热水。

内裤一般较小，手洗时建议用拇指与食指捏紧，细密地揉搓，才能使内裤清洗干净。

清洗内裤时，除了洗掉污垢，更重要的是对内裤起到消毒的作用。

先在盆里倒入适量清水，再倒入适量的小苏打粉末和洗衣粉，搅拌均匀，使粉末与水均匀地溶合。再放入内裤，先浸泡片刻，待浸润后，再用手轻轻搓洗，之后漂洗干净即可。

为了将内裤彻底清洗干净，清洗过程中可以将内裤反复多洗几次。

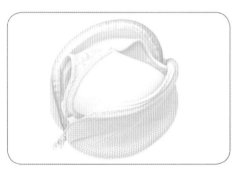

女性内衣巧清洗

女性内衣清洗分两种方法。

机洗

普通的女性内衣（即胸罩）可以用机洗，但洗涤时间最好在3分钟以内，以免胸罩变色或染色。

将胸罩两侧的罩杯摞在一起，再将带子塞入罩杯内，再装入专用洗衣网，封口后放入洗衣机里洗涤。这样可以最大程度保持胸罩不变形。

手洗

装有铁丝的胸罩，或者是丝质胸衣，对洗涤的要求较高，为了防止褶皱、缩水，建议用手洗。

先将40℃左右的温水倒入盆中，再加入小苏打粉末，用力搅拌，直至粉末充分溶解，再将内衣放入。之后倒入洗衣粉，使洗衣粉与水溶液混匀。将内衣浸泡15分钟，这过程中可以轻轻揉搓，并反复多洗几遍，再将内衣漂洗干净。

洗干净的内衣可以用毛巾包裹好，轻压去水分，再晾干即可。

水垢在毛巾中沉积会使毛巾变硬，且有粗糙感不舒适，这就需要运用一点小技巧让毛巾恢复柔软、舒适的感觉。除了使用柔软剂软化毛巾外，这里将为你介绍另外一种方法来软化毛巾。

硬毛巾变软有窍门

STEP 1

往清水中倒入适量的醋。

STEP 2

将变硬的毛巾在水中浸泡10~20分钟。

STEP 3

将毛巾用清水冲洗一遍后捞出，拧干。

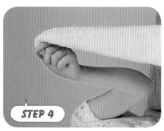

STEP 4

拽住毛巾的一角，先将毛巾向左旋转几圈，再向右旋转几圈。

最后悬挂晾晒即可。▶

STEP 5

手套巧清洗

冬天戴手套可以保暖，但长期接触脏物，也会使手套变脏，因此要记得定期清洗，以免细菌污染手指。

清洗时可以直接将手套戴在手上，放入水中浸湿后，蹭一些增白皂，再像洗手一样搓洗手套的内外两面，之后脱下来放入清水中漂洗干净即可。

不仅是平时作为衣物饰品使用的手套可以如此清洗，像平时微波炉、烤箱等电器用的隔热手套也可以用这个方法清洗。

厨房里用于清洗的塑料手套也可以按此法清洗。

清洁帽子的小窍门

帽子是爱美的女士必备的装饰品，但洗起来却不是那么简单。因为帽子在清洗时很容易变形，且不容易清洁干净。

要想让帽子一直都保持整洁、漂亮的外型，不妨来学习一下清洁帽子的方法吧！

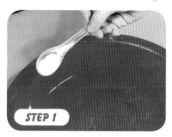

STEP 1

准备一盆温水，加入适量的苏打粉。

STEP 2

将帽子放入清水中浸泡约10分钟。

STEP 3

用一把软毛刷轻轻刷洗帽子上的脏污之处。

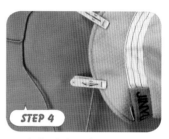

STEP 4

用清水刷洗干净后，再用两个夹子夹住帽子的边沿，悬挂起来晾干即可。

毛巾清洗有妙招

毛巾使用久了就会变硬、变黏，可以定期将毛巾放在碱水（1.5升水加30克纯碱）中，煮15分钟，然后再捞出毛巾，彻底冲洗干净即可。

如果房间通风条件较差，毛巾就很容易出现异味，可以每天使用完毛巾后，用肥皂清洗一遍，或者用盐水煮一次，然后挂在通风处晾干即可。

如果毛巾变得黏乎乎的，是因为毛巾表面附着了大量汗液等分泌物，可以将毛巾放在浓盐水中煮或烫洗，然后捞出，放入清水中彻底冲洗干净，再晾干后，毛巾就能恢复原样了。

要防止毛巾滋生细菌，可以先将毛巾放入白醋中仔细浸泡30分钟再捞出，拎着一个角甩动，使毛巾上的小线圈都甩开，再用清水彻底冲洗干净，晾干后，毛巾就会恢复松软的样子。

围巾巧清洗

围巾和衣服一样，也分不同的质地，所以在清洗前一定要看清楚洗涤要求，根据不同的质地选择不同的清洗方法。

为了不影响围巾的保暖性，在清洗的时候，最好使用中性洗衣粉或者肥皂进行洗涤，且不能用沸水冲泡，也不能用力搓揉。

除此之外，还可以加点食盐，使围巾洗得更干净。

STEP 1

将围巾放入混合了洗衣粉和食盐的温水中浸泡。

STEP 2

浸泡的同时用手轻轻搓洗，反复搓洗几遍。

STEP 3

捞出围巾，漂洗干净后拧干，摊平，用衣架晾起，自然风干即可。

STEP 1

将少量洗衣粉溶解成洗涤液，再倒入适量醋。

巧洗化妆包

试想一下，当很多人同时站在化妆间的镜子前补妆的时候，唯独你拿出来一个脏兮兮的化妆包，这样的画面，光是想想就已经觉得无比尴尬了吧。

下面这个方法，或许可以帮助你避免这种尴尬。

STEP 2

将化妆包放进洗涤液中，先浸泡一下，可以利用醋来起到杀菌作用。

STEP 3

浸泡5分钟后，用牙刷轻刷化妆包的表面，尤其是有污渍的地方。

STEP 4

最后再用清水清洗干净晾干即可。

丝袜的清洗方法

丝袜是女性朋友的必备物品之一，性感的丝袜能衬托出女性婀娜多姿的身段和韵味悠长的气质。

丝袜穿起来虽然很美，但是保养起来却有点麻烦。

不过，有了下面的方法，也许保养丝袜就不再是问题了。

STEP 1

准备适量中性洗涤剂，再倒入适量食醋和温水，混合均匀。

STEP 2

将丝袜全部浸泡在溶液中，约3分钟。

STEP 3

轻轻揉搓丝袜，再用清水冲洗干净。

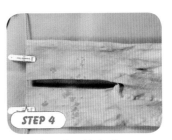

STEP 4

最后将丝袜悬挂晾干。

鞋带巧清洗

鞋带在鞋子上待的时间久了，也会因为长时间接触脏污而变黑，尤其是白色鞋带，如果不经常清洗，变色后的鞋带就将很难再回到原本的颜色。

要想清洗鞋带，可以尝试以下方法。

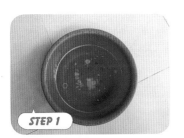

STEP 1

在洗衣粉中加入一点小苏打粉，再与清水混匀。

STEP 2

放入鞋带浸泡20分钟。

STEP 3

简单用手搓洗一下即可。

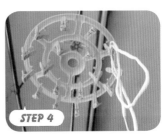

STEP 4

挂到衣架上，用夹子夹住，晾干即可。

洗衣机放小球帮助去污

用洗衣机清洗衣服的同时，可以试着往洗衣机里放入一颗干净的网球，或者是类似大小的玩

具球，与衣服一起清洗。

这样做的目的是什么呢？

其实，这颗网球能起到帮助去污的作用。因为网球和衣物混在一起，在洗衣机运转过程中能够增加与衣物间的摩擦，从而使脏污去得更彻底，所以可以使衣物清洗得更加洁净。此外，这样做也可以防止衣物缠绕。

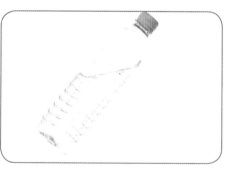

用洗衣机清洗衣物的时候，将灌了水的饮料瓶一起放入洗衣机内，可以使洗衣机内产生对流水流，从而达到更好的洗涤效果。

饮料瓶灌水提高洗涤效果

要注意的是，放入的饮料瓶必须是干净的，而且灌入的水不能太多，要以饮料瓶能浮在水面上为度。否则，如果饮料瓶灌水太多，就容易下沉而无法达到效果。

花露水帮助衣物增艳

白色衣服怕被染色，而相反的，色彩艳丽的衣服则怕颜色不够鲜艳。

想要使色彩艳丽的衣服永远鲜艳如新，可以借助一样东西——花露水。这是我们生活中，尤其是夏天经常使用的东西，要买到轻而易举。

只要往温水中滴入几滴花露水，再将已经清洗干净的衣物放入，浸泡10分钟左右捞出之后晾干，衣服就会变得更加艳丽。

拖鞋巧清洗

塑胶质地的拖鞋穿久了，藏了很多污垢，往往就会散发出难闻的气味。而且这种气味一般很难清除，即使勤加清洗晾晒也无法缓解。

该怎么办呢？

要消除拖鞋异味，可以在清洗完成后，往拖鞋上喷洒适量白酒，直至拖鞋无法吸收，再放到通风处自然风干，以后再穿的时候就不会产生异味了。

白球鞋污点巧清除

将高锰酸钾与清水按1:20的比例混合成溶液，再将草酸与清水按1:10的比例混合成溶液。

用软刷蘸上高锰酸钾混合液，涂在白球鞋的污点上，待半干（约1小时）渐变成淡黄色，再把草酸混合液涂在白球鞋上，静置约3分钟后，然后用清水将全部鞋面略微浸湿，再冲洗掉草酸，即可清除白球鞋上的污点。

皮鞋巧去臭味

要避免皮鞋出现臭味，可以尝试下面的方法：一种方法是用一张稍硬的纸，把适量樟脑丸包起来，然后用硬物仔细碾碎，再把樟脑丸粉末均匀地撒在皮鞋内部，再在上面放上干净的鞋垫。这样一来，既可以保证皮鞋内部干爽，也不会那么容易出现鞋臭现象了。

另外一种方法是将少许白醋倒入水里混匀，再用软刷蘸取适量这种溶液擦洗皮鞋内部。这样可以去除皮鞋的臭味，还能起到杀菌的作用。

衣物晾晒有妙招

棉质衣物要晾晒之前，先要放入洗衣机中漂洗干净，并脱水，再拿到阴凉通风处晾晒。

晾晒时的操作方法如果得当，那么晾晒后的棉质衣物就能保持整齐、干净，不会变形、褪色。

跟着下面几个简单的步骤一步一步做好，就能将棉质衣物晾晒好了。

棉质衣物巧晾晒

STEP 1

晾晒时要将衣物翻面，使反面朝外。

STEP 2

尽量拉平衣物，以免起皱。

STEP 3

在晾晒至八成干时就取下。

STEP 4

将八成干的衣物稍整理，压平，以免变形。

再拿去晾至干透后取下，折叠好即可。

STEP 5

巧晒牛仔裤干得快

牛仔裤的质地较厚，经过水洗后显得特别重实，既很难用手拧干，又怕晒得不好令牛仔裤变形。

要想让牛仔裤快速晾干，又不会导致变形，就应该采取一定的方法。应该将牛仔裤放到阴凉、通风的地方晾，空气流通快，水分蒸发得快，自然就干得快。

具体方法参照如下：

STEP 1

将牛仔裤翻面。

STEP 2

用晒袜子、手帕等所用的小衣架将牛仔裤吊起。

STEP 3

将裤管保持笔挺圆筒状，不能有褶皱、变形，再放到阴凉通风处晾干。

衬衫巧晾晒

衬衫对衣服平整性的要求很高，在晾晒前更应注意打理好。

晾晒衬衫时，一定要注意将两侧侧线、前襟、袖子侧线、前襟、后背、袖口、领口等部位全部拉平、去皱。

要想使衬衫晾干后更加平整，可以用手拉平衬衫的领子、袖子和衣服下方的部位，再适当喷上一点水，拿去晾干即可。

如果想让衬衫晾晒得更平整，没有褶皱，可以事先在衣架上先卷上一层毛巾或薄浴巾，之后再把衬衫挂到衣架上晾晒起来，就能保持衬衫肩部的笔挺，而不容易变形了。

丝质衣物巧晾晒

丝质衣物因为容易变形，最好是用手洗，不可以绞拧，也不宜脱水，以免破坏了衣物的形状和质感。

与此同时还要注意，丝质衣物不宜放到阳光下去暴晒，否则易脆化变黄。

下面就来看看具体的晾晒方法吧！

STEP 1

用干毛巾将清洗后的衣物包裹住，轻轻按压出水分。

STEP 2

再将衣物翻转。

STEP 3

将衣物挂到阴凉、通风的地方晾干。

领带晾晒巧除皱

领带最怕出现褶皱，那样会使领带看上去不美观，从而影响穿着效果。

将领带出现褶皱的地方用手拉紧，取来一个干净的酒瓶，将领带一圈一圈卷在酒瓶上，再放到通风、阴凉的地方，放置一天，皱折即可消除。

快速吹干小件衣物

像手套、袜子、内裤等较小件的衣物，如果急着要用，又或者想加快风干的速度，就可以尝试一下下面的方法。

将想要快速吹干的小件衣物放入一个干净的塑料袋或保鲜袋中，再将吹风机口凑近塑料袋口，用手握紧塑料袋口，使袋内空气封闭起来，再打开吹风机，吹的同时不停摇晃塑料袋以使衣物的每个部位能均匀受风。

羊毛衫巧晾晒

羊毛衫如果没有脱水就直接拿去晾晒，是很容易变形的，但羊毛衫又不能直接脱水，到底该

怎么办呢？

正确的方法，应该先用干毛巾包裹好羊毛衫，轻轻按压，挤出部分水分，然后摊开，放到阴凉通风处晾干。

当晾至半干时，将羊毛衫取下平放，盖上一块湿布，再用300~500瓦的电熨斗熨烫打理好，再拿去晾至全干，即可保持羊毛衫平整如新。

皮衣价格昂贵，与此对应的是，其晾晒的方法也是需要特别注意的，以免一不小心就损坏了衣物。

皮衣巧晾晒

皮衣只能在通风、阴凉、干燥的地方晾晒，不可以放在阳光下暴晒。

如果有褶皱，勉强可用低温熨斗熨平，但要先垫一层牛油纸再熨。

在挂起晾晒时，要先用海绵或软布缠绕衣架再挂上皮衣，以防变形。

合成纤维衣物巧晾晒

合成纤维衣物包括锦纶、人造毛皮、涤纶等多种类型的衣物，在晾晒时应该注意一些细节，才不会使衣物变形、褪色。

①衣物洗净后，不宜马上放入甩干机脱水，而应该直接挂在衣架上晾干，可使衣物笔挺。

②锦纶衣物不可直接晒太阳，否则衣物容易变黄。

③多数化纤衣物可在阳光下晾晒，但是紫色、粉红色和蓝色的衣物最好放在阴凉处晾干。

女性内衣巧晾晒

女性内衣能保持女性良好的胸型，在晾晒时最应注意的就是防止变形，以免影响穿着效果。

女性内衣清洗干净后一定要马上晾干，不能搁着，以免长久处在湿润的状态下，会产生皱褶或者褪色。

将女性内衣清洗干净后，先用毛巾将罩杯绵软地方的水分吸走，再轻轻甩几下，拉平，尽量把皱纹弄平。

千万不要用衣架来晾晒女性内衣，更不能用肩带挂着，以免因残留在内衣中的水分过多而使肩带拉长、变形。

要取罩杯与罩杯中间的点，用小夹子将内衣直接夹在晾衣绳上，或者夹住内衣没有弹性的地方，倒挂起来。这样可以保证内衣经过晾晒后依旧保持最初的形状。

注意一定要将内衣晒在阴凉的地方，避免太阳光直射，以免内衣变黄、褪色或者布料弱化，但也不能放在太暖和的地方，比如室内有暖气，会造成内衣的布料变黄。

STEP 1

从洗衣机里将床单取出，将其对折。

床单巧晾晒

床单、被罩、窗帘等，都属于大件的衣物，在晾晒时，由于体积大，占用空间较大，因此特别需要讲究晾晒的方法，以免因方法错误而导致晾晒不干净。

以床单为例，采用下面的方法，一步一步来，就能使床单很快晾晒干净。

STEP 2

将床单挂到衣架上。

STEP 3

取三、四个衣架，有间隔地挂住床单。

STEP 4

使几个衣架均匀分布，再挂到晾衣杆上即可。

有些衣物如果刚刚清洗完，又马上赶着穿，光靠吹风机是不行的。

这时候，就可以借助一个小工具来完成这项工作。

快速烘干衣物的小窍门

找来一个不用的纸箱，当然，

必须要保证这个纸箱是完全干净的，之后，根据家里用的吹风机大小，用小刀在侧面开一个洞。

接下来，只要将衣物放入纸箱，封顶盖好，再用吹风机从小洞往纸箱内吹风，即可将衣物迅速烘干了！

被套因为单薄，放入洗衣机洗后经常会出现褶皱，在晾晒时除了用力甩几下以去掉褶皱，还可以借助外力来达到目的。

晒被套时装入网球能去皱

在被套的四个角分别放入一个干净网球，或者具有一定重量的球状物。这样做的目的是为了使被套呈现向下坠拉的效果，从而起到拉伸被套的作用，最终能有效去褶皱。

雨天如何晾干衣服

下雨天室外湿漉漉一片，也没有足够的阳光，不适宜晾晒衣服。

应该将洗好的衣服收进室内来晾晒，但是下雨天室内空气流

通较差，又相对潮湿，不利于晾干衣服，还容易使衣服吸潮，生异味。

这时可以用熨烫方法来辅助，将衣服的领子、前襟、袖子等布料有重叠或不易干透的部位熨干，再用衣架撑起，可以加快晾干速度。

衣物熨烫有妙招

电熨斗使用久了，会出现一些熨迹，即熨烫衣物后留下来的痕迹。这些熨迹需要及时去除，不然会很容易影响之后衣物的熨烫效果。

电熨斗熨迹去除法

具体方法的操作步骤如下：

①要去除熨烫后出现的痕迹，可以将电熨斗接通电源，底朝天放置。

②在熨斗的底板上面撒上几粒白砂糖，待白砂糖溶化后，切断电源。

③用干布轻轻擦拭电熨斗的底板，再趁热熨烫几次痕迹处，即可消除烫迹。

百褶裙的熨烫窍门

百褶裙的褶子（即裥）是最大的亮点，所以熨烫时一定要保护好。

从裙腰叉开始，在每个裥缝处钉上一枚大头针，再将裙面的裥都拉紧、理直，盖上湿布后烫平。

最后去掉大头针，再补烫大头针部位即可。

熨烫衣物最好遵循一定的顺序。

熨烫衣物的顺序

①先烫反面，再烫正面。

②先烫局部，再烫整体。

③上装的熨烫顺序为：分缝→贴边→门襟→口袋→后身→前身→肩袖→衣领。

④裤装的熨烫顺序为：腰部→裤缝→裤脚→裤身。

⑤衬衫的熨烫顺序为：分缝→袖子→领子→后身→小裆→门襟→前肩。

呢绒大衣的熨烫窍门

①取一块沾了温水的白棉布，用低温熨烫大衣衬里。

②熨烫毛呢大衣正面的顺序是：左右前襟贴边→两个衣袖→左右上背→右左上胸→左前身→后身→右前身。

③熨烫衣领时，反面要烫平，领底不要露出领面。立绒、长毛绒的领子在熨烫后要用毛刷将绒毛刷立起来。

④熨烫衣袖时应将小枕头塞入肩袖中，衣袖上盖一层湿布，左手托起小枕头，熨烫肩袖。

羽绒服装的熨烫窍门

羽绒服装不要经常用电熨斗熨烫，要注意方法。

羽绒服如果出现皱褶，要先在羽绒服上垫一块湿布再熨。

在一只大号的搪瓷茶缸里盛满开水，然后用其熨烫衣服，就不会损伤面料。

皮革服装的熨烫窍门

皮革服装容易起皱，特别是在清洗之后，还容易收缩，对此，可将熨斗的温度控制在80℃

以内，衣物上覆盖潮湿、干净的薄棉布做衬熨布，然后来回均匀地移动熨斗。

衬衫的熨烫窍门

①先喷湿，再用手指将袖口、领口等处的缝线处捋直，并将衣服上下拉扯展平，使衣服顺

着布纹及缝线保持样式。

②从衬衫的领口、袖口等处的里面开始熨烫，再由外面、里层反复熨烫两次，直到烫平。

③利用左手将扣子周围等细小部位拉平，用熨斗的前端顺着这个方向烫平。

西服裙的熨烫窍门

西服裙要怎么熨烫才不会变形，才能显得美观、漂亮？可以参考下面的这种熨烫方法。

①反烫：将裙子翻过来，将裙内的接缝烫开压死，垫布将裙内腰烫平。

②上腰：将裙正面套在穿板上，转动着烫平上腰、胯、腹、臀等部位。

③裙身：从裙身的下口向上套在穿板上，转动熨烫。

④裙褶：按原有褶痕熨烫，如果无痕迹，可按原褶重新制作裙褶，注意起褶处到下摆处的褶宽度应逐渐减小，做到上宽下窄。

熨烫天鹅绒服装时，不可伤害衣料的原有性质，因此应将里面翻出来当成表面，将毛和毛相互重叠当作烫垫，然后由内侧用蒸汽熨斗熨烫，这样能保持其柔软的特殊性质。

天鹅绒服装的熨烫窍门

男士西服裤的熨烫窍门

烫西裤的正确顺序应该是由里而外。

将裤子翻过来，口袋掀开，先烫裤裆附近。

其次是口袋、裤角和布缝合处。接着烫正面，整个裤头由拉处烫绕一圈，然后是右腿内侧、右腿外侧、左腿内侧、左腿外侧，最后把两管裤角合起来修饰一番。

毛呢大衣的熨烫窍门

男式大衣翻领领口必须烫实，女式翻领领口则不需要。

男式大衣衣袖前侧要烫成圆形，后侧要烫成扁形；女式大衣衣袖前后均应烫成圆形。

①熨烫时要在大衣上盖一层湿布，熨斗温度可以高点，以水滴在熨斗上能迅速蒸发为佳。

②覆盖大衣的湿布烫七八成干即可，否则太干易烫坏呢面，出现"极光"现象。

③熨烫衬里时，先往衬里上喷些水，30分钟后再烫。如果大衣衬里没有清洗，熨烫时不可喷水，否则容易出现水渍。

④熨烫大衣领反面时，湿布应烫得稍干一些，领底下不要露出领面。

衣物折叠有妙招

如果放衣服的抽屉比较深，可以将衣服折叠成长方形，再竖立排放，这样既能节省空间，也方便取用。

通常，要根据衣物的质地来选择衣物收纳的空间，像丝绸、羊绒等较高档质地的衣物可以用衣架挂起来，而底部抽屉的空间就可以存放棉、麻一类收纳较便捷的衣物。

如果想要节省叠衣服的时间，可以借助市面上贩卖的叠衣板，叠出形状一致的衣服。

叠放衣服的原则

线衫无痕折叠法

线衫的折叠主要是按照衣服本身原有的折线折叠，这样不容易产生折痕，不影响美观，随时取出都可以穿。

下面就来给大家示范一下无折痕的线衫折叠法。

STEP 1

先将线衫衣服的扣子扣上，再背朝上铺平放置。

STEP 2

袖子按照袖底的折线，折到背上。

STEP 3

衣服两边向背中线折入。

STEP 4

由下而上将衣服折起来。

连帽衫无皱折叠法

折叠连帽衫时，应尽量避免连帽衫产生褶皱，否则就起不到效果。

因此，要将兜帽向里折叠，再向前折叠。

▶ 将另一侧按照同样的方法折叠。

◀ 根据所需要的宽度折侧面部分，再将袖子折回。

STEP 2

STEP 3

◀ 将拉链拉好，正面朝上放置，将兜帽在中间合并到一起平放，兜帽部分向前身折叠。

STEP 1

▶再进一步向上折叠，直至最终完成，放入衣柜即可。

STEP 4

T恤衫巧折叠

将T恤衫紧密叠起时，要避免褶皱，衣领的周围不要有折痕。

把衣物向后折叠，根据放置场所的大小，决定最终的宽度。将两端折叠，再对折1次或2次都可以。

◀将后身向上放置的T恤衫摊开，抚平褶皱。

STEP 1

◀根据放置场所的宽度，左侧向后身重叠，再将袖子折回来。

STEP 2

◀相对一侧按同样方法折叠。记住：左右折叠的大小要均等。

STEP 3

◀将下摆向上对折，理平褶皱即可。记住：领子的周围也要整齐。

STEP 4

◀将前身向上叠放起来，并列排列，既不易松散，也可轻松取放。

STEP 5

长袖T恤的折叠

折叠法　　卷折法

长袖T恤衫的收纳折叠重点在于长袖子的整理，做好了这一步，什么都好说了。

◀把T恤摊平，拉直，领口的一面朝上放。

STEP 1

◀把T恤衫背朝上摊平。把袖子往内折，并整理好。

STEP 1

◀依照存放的抽屉宽度，把袖子往内折，然后将长袖子整理好。

STEP 2

◀由下摆开始，向上卷着折叠好。

STEP 2

◀将下摆向上折1/4，然后再对折就完成了。

STEP 3

◀由下摆开始往上卷至领口即可。

STEP 3

衬衫防皱折叠法

如果确定了摆放的位置，就可以根据位置的大小确定衬纸的尺寸。

重叠放置的时候，在领口放入衬垫物，可将上下两件衬衫交错放置，保持厚度一致，收藏量也会增加。

◀扣上第1个、第2个纽扣。按住领口，把前襟的扣子弄整齐。

STEP 1

◀扯平后身和袖子的褶皱，在衣领下方中间放置厚纸板做成的衬纸。

STEP 2

◀根据衬纸宽度，将衣服向后折，再将袖子折叠，使左右相同。

STEP 3

◀把折叠好的衬衣根据衬纸的长度对折。

STEP 4

◀取出衬纸，在领口处放入填充物即可。

STEP 5

方法一   方法二

毛衣多折法

一定要在平整的地方叠毛衣。根据毛衣摆放的位置，调整毛衣的宽度，还要控制毛衣叠好后的厚度，防止产生褶皱。

STEP 1

◀后身向上，两个袖子向内，使袖子保持在同一水平。

STEP 2

◀将毛衣两侧向后身折叠。袖子要将距下摆较近的部位向上折1次。

STEP 3

◀再折1次就完成了。

STEP 1

◀后身向上，选合适宽度，右侧向后折叠，折回袖子。左侧同理。

STEP 2

◀将两侧折叠起来后，从下摆的大约1/3处折叠1次。

STEP 3

◀再折1次就完成了。结合收藏需求调整次数。

内裤叠放法

内裤是我们的贴身衣物，要注意不要弄脏、弄皱，以免影响穿着。

内裤的叠放也要有一定的讲究，使用正确的方法，就能使衣物保持整齐、洁净。

下面就来看一看具体的操作方法，跟着学起来吧。

STEP 1

将内裤放平，正面朝上。

STEP 2

再将两侧向内折叠。

STEP 3

折至宽度与下部一样大小，再把内裤下部向上折叠到对半程度。

STEP 4

再将折上去的部分插入内裤入口处。

女用短裤折叠法

此种方法不但适用于女用短裤，就算是男士的短裤、内裤，以及小孩子的内裤，都可以使用这种方法。

为了节省空间，可以将折叠后的短裤竖立着放置，这样也方便辨认，更容易抽取。

STEP 1

左面部分向右折叠，右侧向左折叠，对齐腰部，正面朝上，从右侧大约1/3处开始折叠。

STEP 2

从腰身部分开始，从全长的大约1/3处向内侧折叠。

STEP 3

再折叠1次后放入腰身的橡皮带内。

STEP 4

扯平中间的褶皱即可。

文胸对折法

由于特定的外观，文胸在折叠的时候也非常讲究方法。

将左右罩杯重叠，用肩带系住。朝同一个方向并列放置，不仅会增加收藏量，而且容易取出。

跟着具体步骤学一下吧。

STEP 1

解开文胸的挂扣，正面向下，将两侧罩杯旁的挂钩部分重叠在一起。

STEP 2

将文胸从中间对折，将右罩杯嵌入左罩杯中，肩带悬挂在手背上。

STEP 3

将手背上的肩带顺势套在罩杯上。

STEP 4

折好后的文胸大小基本保持一致，朝同一方向放置，可节省空间，排列整齐。

袜子叠放法

通常我们的袜子洗干净后，由于一时的粗心大意，会随手一扔，到要用时便只能胡乱搭配了。

别小看这双小小的袜子，它的**叠放**方法也是很有讲究的。

凑齐左右两只袜子，再用如下的方法折**叠**就可以了。

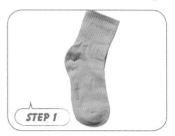

STEP 1

将两只袜子整平，左右重叠，再扯平褶皱。

STEP 2

使脚尖的中间和脚跟的高度一致对叠。

STEP 3

袜口处再折1次。

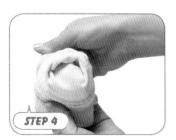

STEP 4

翻开袜口包住袜子。

STEP 1

把丝袜摊开铺平放置好，再将两只脚重叠，对折1次，变成原来的1/2。

丝袜由于质地柔软且富有弹性，对**叠放**方法非常讲究，如果放置不当，会很容易脱线破损，所以，日常**叠放**则显得尤为重要。

丝袜叠放法

其实，丝袜的**叠放**方法非常地简单，只要你愿意跟着动手一起学起来。

STEP 2

再对折，变成原来的1/4。

STEP 3

打开袜头松紧带部分。

STEP 4

翻面，将丝袜反向套入，再整理整齐后放置即可。

长筒裤袜折叠法

打结的长筒丝袜不好存放，应仔细叠起来，既不易损坏袜子，又方便存取。

STEP 1

尽量扯平袜子上的褶皱，将袜子整理平整，重叠到一起。

STEP 2

将袜子整齐对折。

STEP 3

再将丝袜进一步对折，直至变成原来的1/4长度。

STEP 4

◀ 在1/3处折叠。

将腰身的橡皮筋部分翻过来，包住袜身，抹平放置即可。▶

STEP 5

领带叠放法

领带是男人着西装时很重要的门面，是显示身份的标志，也是彰显气质的表现，因此不能随意折叠，叠放时更要注意方法，以免起褶皱而影响穿着效果。

领带可以根据颜色分类摆放，而具体的叠放方法可以按照下面的步骤进行。

STEP 1

将领带平放，正面朝下，对折一次。

STEP 2

从任意方向将领带松松地卷起，成圆筒形。

STEP 3

将叠好的领带竖立起来，放到抽屉里即可。

连衣裙叠放法

由于连衣裙的裙摆与腰身宽度不一致，在折叠时要多出一部分，怎样折叠连衣裙才能不起皱呢。可以根据连衣裙自身设计的特点来折叠，才能避免出现褶皱而影响穿着效果。

按照下面的步骤，一步一步折叠好，就能很好地保存连衣裙而不起皱。

STEP 1

STEP 2

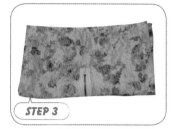

STEP 3

以腰宽为参考宽度，将肩带和裙摆两侧向内侧折叠。

从下摆开始，向上折一次或两次。

将连衣裙折成四方形即可。

裤裙折叠法

裤裙的折叠比较简单，只要注意根据接缝叠裤裙，并在折线处放入缓冲物，避免产生褶皱即可。

具体的折叠方法可以参照下方的步骤，跟着做法一步一步来，就能轻松学会折裤裙了。

STEP 1

STEP 2

STEP 3

拉上拉链，扣上纽扣，正面朝上摊开放置，扯平褶皱。

将正面作为内侧，从臀线的中间开始对折过来。

下裆突出部分向内侧折叠，将整个裤裙整理成梯形。

STEP 4

用保鲜膜的芯压在中间位置，不易产生折痕。

依照保鲜膜芯的位置，再对折。

STEP 5

西裤叠放法

西裤最理想的叠放方式是，用带有夹子的衣架，或者是用普通衣架两端夹上两个小夹子，用以夹住裤脚，再将西裤倒挂起来即可。

为了增大摩擦力，可以两条西裤为一组，分别按照中线和裤线作交错折叠，将其中一条平铺在另一条裤长1/3处，再将未交叠的部位向中间折叠起来，这样可以避免西裤由于滑散而产生褶皱。

将短裤拉平，再按照裤线纵向折叠。

STEP 1

短裤叠放法

由于短裤的折痕很容易影响穿着效果，因此可以在将短裤按照裤线纵向折叠，拉平后，再对折起来即可。

再横向，将短裤对折起来即可。▶

STEP 2

床单、枕套叠放法

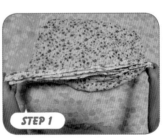

先将床单对齐四角拉直，铺平。

STEP 1

床单、枕套在晾晒后，应先将床单折叠好，再将枕套对折夹在床单里，之后一起放到抽屉里，这样既可以保持床单的平整，而且便于更换。

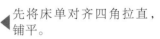

将床单按照抽屉的大小折叠成四方形即可。▶

STEP 2

衣物整理与保养

衬衫平放的收存方法

如果把熨烫好的衬衫或T恤叠放在一起，会把领子压变形。

下面介绍保持领子不变形的收存方法。

一种方法是准备好透明或者半透明的密封盒子，一个盒子装一件衬衫，然后把盒子叠放在衣柜里，这样就能保持衬衫不变形。

另一种方法是在市面上购买的衬衫专用架，虽然比较占空间，但是使用起来很方便。由于可以从侧面打开，衣盒上面仍能放东西。

另外，移动式文件专用抽屉也是存放衬衫的好地方，这种抽屉一般很浅，每格正好可以放一件衬衫。

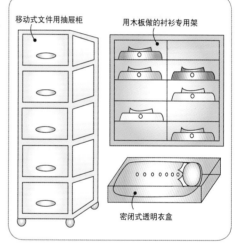

移动式文件用抽屉柜

用木板做的衬衫专用架

密闭式透明衣盒

纯棉内衣的收纳

纯棉内衣两件套可以放在一起收纳。

将内裤折成四方形后放置在内衣中间，再将内衣折成四方形，最后再将这些内衣单独收纳，与其他衣物隔离开来即可。

毛衣的收存方法

收存毛衣比较麻烦，叠起来较占空间，还很容易产生皱痕。

那么到底应该怎样收存毛衣，使其既节省空间又不产生皱痕呢？下面我们向您推荐几种方法。

方法一：大点的毛衣可以卷起来，竖放进盒子里。

方法二：较小的可以卷起来，放在挂壁式鞋盒里挂在墙上。

方法三：数量很多的话，可以一起叠好分层放置，这样更节省空间。

把毛衣卷起来，收存在比较深的盒子里面

市面上卖的挂壁式毛衣柜

把毛衣卷起来，收存在挂壁式鞋盒袋里

套装的收纳

套装，不管是男士的西装，还是女士的休闲套装，一般都是分为上衣和下衣，且是搭配成套的。

因此，在家庭收纳时，将套装放在一起收藏，既方便拿取，也节省了收藏的空间。

接下来就跟着我们，一步一步来做吧。

STEP 1

把裤子挂在衣架的横端上。

STEP 2

用手让其对齐，抚平。

STEP 3

把套装的上衣挂在衣架上。

STEP 4

扣好扣子，抚平衣服。

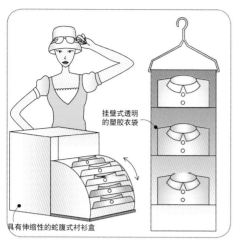

挂壁式透明的塑胶衣袋

具有伸缩性的蛇腹式衬衫盒

衬衫立放的收存方法

衬衫立放的方法，是一种利用挂壁式衬衫袋收存衬衫的方法。

这种衬衫袋宽度正好适合装衬衫，高度则是领子刚好可以露出来。

一个衣袋有四五个袋子最合适。

这种衬衫袋不受限于收存场所，可以挂在衣柜的内侧或外侧，也可以挂在柜门内壁，不会造成活动的障碍。

①先把衬衫整理叠好，再逐件放进衬衫袋里面包好。

②用衣架把衬衫袋挂在衣柜内侧、外侧或柜门上。

羽绒服因为其质地特殊，需非常注重收纳，以免破坏其品质。

羽绒服在晾干后，要用较宽大的衣架撑起来，或放入一些填充物后再挂在衣柜里。如果空间不够，可以适当折叠后，放在衣服堆的最上面，再放上一些防潮粉以防潮，但不要使用樟脑丸。

羽绒服的收纳

呢料大衣的收纳

呢料大衣在收纳前，要先晾晒几小时，用手轻轻拍打掉依附在上面的灰尘。

再在呢料大衣上洒一些汽油，用干净的毛巾仔细擦拭一遍。

待汽油味散发完毕，再用衣架和专用衣套包好，挂在衣柜中即可。

大衣外套的收纳技巧

每年一到换季的时候，那些不当季的大衣外套就要被收纳起来，以便来年继续使用。

在将大衣外套收纳起来之前，往往要先将外套都送到干洗店干洗一遍再取回，之后还要再放到干燥、通风、阴凉的地方阴干几天，这之后才能罩上塑料薄膜或专用的衣套，最后放进衣柜中收纳起来。

丝绸衣物的收纳技巧

丝绸衣物轻薄，挤压后怕出褶皱，建议单独存放，或放在衣物堆的最上层，与裘皮、毛料等服装隔离开，同时应分色存放，防止串色。

白色的丝绸衣物最好先用蓝色纸包好以防止变黄；花色鲜艳的丝绸衣物用深色纸包好以防止变色。此外，丝绸会因受潮而发霉，且易遭虫蛀，在收纳时可以用适量防蛀剂，以保持干燥。

皮衣的收纳技巧

皮衣在收纳之前，应先用干净的海绵、干毛巾等仔细擦拭一遍，再用皮革护养膏蜡轻轻涂抹，再放入衣柜。

皮衣不宜折叠后收纳，应用衣架挂起后悬挂在衣柜中，且不与化学药物接触，不与其他皮件、皮物紧贴，以防粘连。

为防潮、防霉，可以往衣柜内放少量包好的卫生球，也可定期取出晾晒。

利用衣架收纳拖鞋

通常，我们都会把拖鞋放在鞋架上，但有时家里鞋堆放得很多，非常需要收纳整理好。

因此，在这里我们向您推荐一种简单又实用的收纳方法，就是用衣架收纳拖鞋。

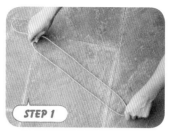

STEP 1

将衣架上下拉成长椭圆形。

STEP 2

将椭圆形从2/3处向上折成直角状。

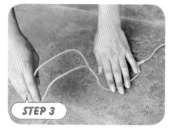

STEP 3

将2/3处向下凹折，使衣架略成"S"形。

STEP 4

再将拖鞋分别套上即可。

一过完冬天，靴子就可以放置起来了。可是靴子如果收纳不当，就容易变形。

为了使靴子在来年取出来穿时仍是崭新的模样，可以尝试下面这个方法。

靴子的收纳方法

STEP 1

准备好纸巾、报纸，把靴子的拉链拉开。

STEP 2

撕下纸巾卷成团，但不要压实，再塞满靴头，使靴头保持原来的形状，不变形。

STEP 3

把报纸卷成像喇叭形状，一边粗，一边细。

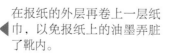

在报纸的外层再卷上一层纸巾，以免报纸上的油墨弄脏了靴内。

STEP 4

将报纸和纸巾放进靴管，再将靴子收进鞋柜。

STEP 5

拖鞋的收纳法

我们一般都是采用鞋架来收纳拖鞋，但有时候鞋子多了，鞋架的空间有限，而且对于经常要穿的拖鞋来说，拿取不方便。这时其实也可以用篮子或箱子来代替。

这个收纳拖鞋的方法简单又实用，不管是谁看了，都能很快掌握诀窍。

STEP 1

把拖鞋一双双交叉摆好。

STEP 2

按照顺序放进篮子或箱子。

STEP 3

放置好后，如图，拿取就很方便了。

STEP 1

材料：纸巾、报纸。

高跟鞋的对放收纳

高跟鞋可是多数女士生活中必不可少的日用品，但高跟鞋的收纳可得要注意防止其变形。

高跟鞋对放收纳时，为了不让鞋子变形，需要塞一些纸进去以固定鞋子的头部。

下面就来展示一下具体的做法。

STEP 2

将预备好的布或不要的报纸、废纸，如图，揉成结实的团状。

STEP 3

将揉好的团状纸塞入鞋头，撑起来。

STEP 4

鞋头与鞋跟对放，再如图所示放进鞋盒即可。

鞋子的军绳悬挂法

鞋子多了，鞋柜满了怎么办？我们可以用军绳悬挂法收纳鞋子，这种方法好拿又透气，简单且不用花大钱，适用于各种有跟的鞋类。

具体的制作方法也是非常简单的，一起跟着步骤动手做起来吧！

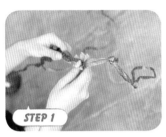

STEP 1

准备好绳子、剪刀，将绳子对折之后，再每隔5～10厘米结成一个活结。

STEP 2

再将鞋跟放入活结与活结中的空隙处，并钩好系紧。

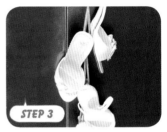

STEP 3

如图所示，将系有鞋子的绳子挂在我们方便拿取的地方即可。

利用长筒袜收纳鞋子

如果你有不用的长筒袜，记得千万不要把它扔掉，它是收纳与保养鞋子的好工具。

下面我们就来向您简单介绍一下到底长筒袜是如何用来收纳鞋子的！

STEP 1

材料：废包装纸、报纸、卫生纸。

STEP 2

把废纸塞进鞋子，使鞋子撑开。

STEP 3

把报纸包在卫生纸里面，形成如图所示的长筒子状。

STEP 4

◀把卷筒塞进鞋子里。

再把长筒袜套在鞋子外面。▶

STEP 5

皮带的收纳

皮带也是衣服物件里非常重要的一种。一根小小的、薄薄的皮带，搭配在颜色各异的短裤、长裤上面，往往就能显现出不同的时尚感。

爱美人上的皮带往往都是数量繁多的，而由此引发的皮带收纳问题也随之而来。

其实要想收纳好皮带也不是什么难事，只要简单动一动脑筋，就能让你的皮带收纳有方。

STEP 1

从皮带金属头开始向内卷成卷，再用束线带将卷好的皮带固定。

STEP 2

用剪刀剪去多余的束线带。

STEP 3

再将固定好的皮带整齐地排在一起，放入盒中即可。

衣柜除了内部的空间之外，敞露在外面的壁面其实也是很好的收纳衣物的空间。

利用衣柜门外壁的空间，用来收藏帽子是再好不过的选择——既节约空间，又可以保持帽子不变形，同时，也可以用来收纳皮带等不易折叠保存的衣物。

下面就来看看到底我们是如何利用衣柜壁面来收纳帽子的吧！

利用衣柜壁面收纳帽子

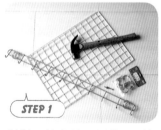

STEP 1

材料：挂衣钩、网格、S挂钩、小挂钩、锤子、钉子。

STEP 2

把挂衣钩固定在壁面上。

STEP 3

把网格固定在挂衣钩上，在网格上挂上小挂钩，挂上帽子就行了。

Part 7

巧主妇的
家庭节能妙招

懂得勤俭节省，是巧主妇学会持家的必修课。
省电、省水、省油、省气，样样都不能懈怠。
学会如何旧物利用，更是主妇们巧手的新境界。
来看看巧主妇们都是如何化腐朽为神奇的吧！

家庭省水窍门

家庭里的一水多用

家庭每天用水需求很大，如能做到"一水多用"，对节省用水量是很有帮助的。因此，家庭用水应尽量串联使用。

方法一：用淘米水来洗菜，既节省用水，又有利于去除蔬菜表面农药。

方法二：可以将洗菜水、洗衣水、洗碗水、洗澡水等清洗水收集起来，用于洗车、擦地板、冲洗马桶，是常见的节水方法。

方法三：将雨天的雨水收集起来，可以作为浇花的替代水源。

提前浸泡衣物可省水

在将衣物放入洗衣机清洗前，可以先将衣物进行浸泡。

因为洗衣机的洗涤时间是通过衣物的种类和脏污程度来计算的，而将衣物提前进行浸泡，可以减少漂洗次数，也能减少漂洗耗水，从而达到节水目的。

低流量水龙头可省水

使用低流量水龙头时，可以在水流出的同时压入空气，从而使适当的水流速度得到维持。这样既不会使洗涤效果受到影响，还能减少一半的水流量，因此不失为家庭节水的一个好方法。

如果条件允许，可以尝试将家里的水龙头换成这种低流量水龙头，以节制用水量。

厨房节水有窍门

为了节省用水量，可以将厨房使用的全转式水龙头换成1/4转式水龙头，这样可以缩短水龙头的开关时间，从而大大减少水的流失量。

平时洗菜、洗碗，不要一直开着水龙头清洗，这样是很浪费水的。应先取一个盆，放上适量的水，再将东西放入清洗，可大大减少水的流失量。

为防止水龙头滴漏水，加装有弹簧的止水阀，可避免水未经使用就白白流失掉。

控制洗衣粉用量可省水

多数人认为洗衣粉放得越多衣服洗得越干净，但有时效果恰恰相反。

按照用量计算，最佳的洗涤浓度为0.1%~0.3%，这样浓度的溶液表面活性最大，其去污效果也较强。因此，以额定洗衣量2千克的洗衣机为例，若是低水位、低泡型洗衣粉，则低水位时约要40克，而高水位时约需50克。

提高洗衣机利用率可省水

洗衣物时，可以将衣物控制在一定容量再一起洗。

不同种类的衣料洗涤时间往往有所不同，可以适当归类，节省洗涤时间以节水。一般情况下，毛、化学纤维物约5分钟，棉、麻类约10分钟，如果衣物脏污程度较大，可以适当延长至12分钟。

洗衣机节水妙法

用洗衣机洗少量衣服时，水位不要定得太高，衣服在高水位里飘来飘去，衣服之间缺少摩擦，反而洗不干净，还浪费水。

用洗衣机时，使用适量优质低泡洗衣粉，可减少漂洗次数；洗涤前将脏衣物浸泡约20分钟；按衣物的种类、质地和重量设定水位；按脏污程度设定洗涤时间和漂洗次数，既省电又节水。如果将漂洗的水留下来做下一批衣服洗涤用水，一次可以省下30~40升清水。

小件衣物用手洗更省水

用洗衣机来洗衣物虽省时省力，但与用手洗相比，用水量要多出60%，不利于节水。

像少量的小件衣物就可以用手洗。

尤其夏天的衣服每天都要更换，堆积下来的量很多，但一些类似丝绸、雪纺等较轻薄的衣物就可以用手洗，之后再用洗衣机烘干，也可以节约用水。

空调滴水变废为宝

夏天空调滴水的问题其实也是非常困扰人的一个问题。

要想解决这个问题，可以将排水管引到屋内，再接上一个水桶就可以了，而且水量还很可观，2小时大概可以接1升水。

利用这些空调水，还可以用来浇花、洗手、冲厕所，可谓一举多得。

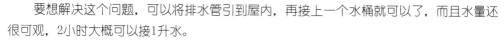

用冷藏室解冻能省水

一般家庭里要解冻食物的时候，都会想到要先将食物从冷藏室里取出来，装到碗里面，再向碗里加点冷水，静置一段时间以解冻。

其实这样做，是很不利于省水的。

要解冻食物，可以提前将食物从冰箱的冷冻室中取出，再放入冷藏室内化冻，这样既可以保鲜，还有利于节水。

马桶节水窍门

如果厕所水箱过大，可以在水箱里放一块砖头或一只装满水的大可乐瓶，以减少每一次的冲水量；将卫生间里水箱的浮球向下调整2厘米，每次冲洗可节水近3升。

用收集的家庭废水冲厕所，一水多用，可以节约清水。

垃圾不论大小、粗细，都应从垃圾通道清除，而不要在便池内用水冲。

热水器如何节水

学会调节冷热水比例，不要让喷头的水自始至终地开着。尽可能先从头到脚淋湿一遍，全身涂肥皂搓洗，最后一次冲洗干净，不要单独洗头、洗上身、洗下身和脚。

洗澡要专心致志，不要悠然自得，或边聊边洗，不要利用洗澡的机会顺便洗衣服、鞋子。在澡盆里洗澡要注意，水放到1/4~1/3盆就足够用了。

喷头淋浴可省水

相比用浴缸蓄水洗澡，用喷头淋浴更省水，可节省达80%。因为用喷头沐浴可以随时控制用水量，还可以站在盆子里洗，这样也有利于将水回收，继续用于其他用途。

在用喷头淋浴过程中应避免过长时间冲淋，搓洗时可以先关水，等搓洗出泡沫后再开水冲洗掉，这样可以避免浪费水。

沐浴时的节水细节

如果经常用浴缸洗澡的人，在沐浴前提前用盆接凉水，等到水烧热之后，再用凉水来调兑水温。

每次沐浴时尽量选择半身浴，而洗完的水也完全可以储存起来，用于冲厕所、拖地板、浇花等。

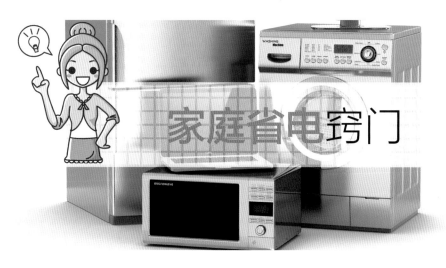

家庭省电窍门

如何延长日光灯管寿命

日光灯管使用数月后会两端发黑，照明度降低。这时把灯管取下，颠倒一下两端接触极，日光灯管的寿命就可延长一倍，还可提高照明度。

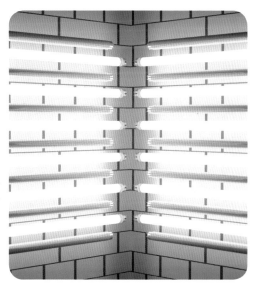

节能插座能省电

有时，我们将电器关闭了，但电源线还连接着插座，在继续耗电。这种能耗可占到家庭用电的10%，非常费电。

如果换成单独关闭电源的插座，就能帮助节能，当电器不使用时即关闭电源。使用节电插座，设定处于待机状态的电器在固定时间后自动切断电源，也可以大大减少电能浪费。

手机巧省电

睡觉时把手机关掉用呼叫转移接到家中固定电话上，久而久之就减少了手机充电的次数，也就减少了电能的消耗。

在网络信号不存在或极其微弱的地方使用手机时，会大大消耗手机电池的电量，因此在这种情况下应关闭手机。

数码相机节电招数多

数码相机就是一个"电老虎"，它吃电能力很强，如果您使用的是不匹配的电池或不注意节省，电池就会在您没拍摄几张照片时已耗尽，所以应采取一些巧妙办法节省电池用量，尽量避免不必要的变焦操作。

闪光灯是耗电大户，因此要避免频繁使用闪光灯。此外，在调整画面构图时最好使用取景器，而不要使用液晶屏幕。

电脑省电窍门

一般用电脑听音乐时，关暗彩显亮度、对比度，或者干脆关掉彩显，可以省电。

不具有节电功能的电脑，一般可以通过按机箱背后的turbo键，强行降低运行速度，以达到节电目的。

同时，还应注意防尘、防潮，定期清洁屏幕，可以达到延长电脑寿命和节电的双重效果。

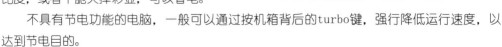

电视机省电窍门

首先，要控制音量的大小，音量越大，耗电越多。

其次，要控制电视机的亮度，彩电在最亮和最暗时耗电功率相差60瓦。

再次，最好给电视机加上防尘罩，机内灰尘太多就可能造成漏电，增大耗电量。最后，不看电视时最好关闭总电源开关。

空调省电有窍门

空调在制冷时，设定温度高2℃，就可节电20%，因此要适当设定空调的温度。

选择制冷功率适中的空调，才不会造成空调耗电量的增加。而且空调也要避免被日光直射，这样可节省约5%的电量。

不要堆放大件家具阻挡散热，增加无谓的耗电。同时，过滤网要经常清洗，否则太多的灰尘会塞住网孔，使空调加倍耗电。

饮水机节电窍门

饮水机如果常年通电，不仅非常费电，还会影响到饮水机的使用寿命，而且，反复煮水也容易影响饮用质量。

可以在晚上睡觉的时候，将饮水机的电源关闭，并拔掉插头，这样虽然比较麻烦，但却可以节省电量，不失为一种节能的好方法。

冰箱节能有窍门

为节省电能消耗，可以将冰箱摆放在温度低的环境，而且通风良好的位置，并要远离热源，避免阳光直射。

在摆放冰箱时，顶部左右两侧以及背部都要留有适当的空间，以利于散热。这样会减少冰箱耗电量。

食物存放与冰箱节能

水分较多的食品应洗净沥干后，用塑料袋包好再放入冰箱，这样可避免水分蒸发加厚霜层，并缩短除霜时间，节约电能。

冰箱存放食物不要过多、过紧，以免影响冰箱内空气的对流，使食物散热困难，影响保鲜效果，增加压缩机工作时间，使耗电量增加。夏季制作冰块和冷饮应安排在晚间。晚间气温较低，有利于冷凝器散热。而且夜间很少存取食物，压缩机工作时间较短，能节约电能。

减少开关冰箱门更节能

平时存取食物时，尽量减少开门次数和开门时间。因为开一次门冷空气就会散开一次，压缩机就要多运转数十分钟，才能恢复冷藏温度。

熨烫节电窍门

熨烫衣服的时候，可以根据衣服的质地来安排顺序，先烫耐温低的化纤衣服，等电熨斗的温度升高后，再熨烫更耐温的棉麻质地衣服。此外，还可以保留一部分的化纤衣服，等到电熨斗断电后，利用电熨斗的余热来熨烫衣服。

电熨斗的省电窍门

想要电熨斗更省电，可以将电熨斗放在已接上电源的电磁灶上，只要稍等片刻，即能使电熨斗加热到适合熨烫衣服的温度。这种方法尤其适合熨烫化纤类衣服。

因为这种加热方法的热效率更高，比将电熨斗直接插上电源加热来得快，不仅节省了时间，节省了电能，而且这样的操作方法也很安全。

吹风机如何省电

洗头后可以将头发尽量擦干些，再用吹风机来吹干头发，这样可以缩短吹发时间，也能起到省电的目的。

此外，夏天不要在开着空调制冷的房间内用吹风机，还应保证吹风机的进、出风口畅通无阻，以免阻碍冷热风的流通。

消毒柜省电窍门

平时用完的餐具必须用洗洁精清洗干净，并用干抹布仔细擦干后，再放进消毒柜；不能承受高温的餐具要放进低温层，这样才能缩短消毒时间和降低电能消耗。

消毒柜应放在干燥通风处，离墙距离不宜小于30厘米。

电饭锅节电窍门

要对电饭锅进行节电处理，首先要保持它的内锅和热盘接触良好，经常保持清洁，保证传热好。

另外，当电饭锅自动断电的时候，要及时把插头拔掉，这样可以充分利用它的余热，对食物起保温作用。假设不拔掉插头的话，当电饭锅温度低于70℃的时候，它会自动启动，反而费电了。

电磁炉节电窍门

用电磁炉加热食物，最好按食物多少来选择档次，烧水、煮汤更要注意。

煮汤时锅内如还有短时间难煮熟的食物，加热开始时少放点水，把食物煮熟后再加足汤水。

要合理使用各档功率。在刚加热时可以先用大功率档烧开锅，再及时把功率调小至能使锅内保持沸腾即可，比如煮稀饭、熬汤、吃火锅时，可节省更多电能。

微波炉省电窍门

要使用微波炉加热食品的时候，最好使用小型容器，只要时间上多设置几分钟，就可以一次多放几个容器，一起加热，从而得到较好的省电效果。

还可以在容器外面多套上一层保鲜膜，这样加热的时候不仅不会流失水分，还能缩短加热时间，也可以省电。

微波炉在不使用的时候，可以放一杯水在炉腔内，如果不小心触发微波炉，那么微波会被水吸收，从而避免微波炉空载运行。

此外，切忌将微波炉当成贮藏柜使用。

电热水器省电窍门

使用电热水器的时候，要合理设定使用的温度。

夏天洗澡时用的洗澡水不需要像冬天的那么热，因此，夏天洗澡，可以把电热水器温度设在60~80℃之间，这样可减少电耗。

同时，要选择合适的电热水器容量。选购时，要根据家庭人数以及用水习惯来选择合适容量的热水器，不要一味追求大容量，容量越大越耗电。

如果要使电热水器省电，在洗澡时最好使用淋浴。因为淋浴要比盆浴更节约水电，可降低2/3的费用。淋浴时热水器温度的设定要合理，开停时间要根据实际需要确定。

设置保温状态。如果您家里每天需要经常使用热水，并且热水器保温效果比较好，那么您应该让热水器始终通电，并设置在保温状态，这样不仅用起热水来方便，而且还能达到省电的目的。

家庭节气窍门

节省煤气有窍门

保证炉灶面与炉底之间3厘米左右的间距，可以使煤气与炉外空气混合均匀。

火焰的外焰温度最高，应适当控制火势，不要使火苗大大超过锅底的外缘，避免能量损失。

烧开水的火焰宜大。有人认为火焰小节约煤气，其实这样做将烧水的时间拖长，散失的热量多，反而要多用气。蒸东西时，蒸锅水不要放得太多，一般以蒸好后锅内剩半碗水为宜。烹饪中尽量用高压锅，这样既节约时间，又节约煤气。

做饭时怎样节约用气

做饭时可先准备好食物再点火做饭；如果是炖东西，可先用大火烧开，再关小火，保持锅内滚开而不溢出即可。做饭时，火焰分布的面积与锅底相平即为最佳。

做饭前可应先将锅、壶表面的水擦干，再放到火上去，可使热能尽快地传到锅内。

灶具节能有妙招

灶具要放在避风处，或加挡风圈，防止火苗偏出锅底；要调节进风口大小，让燃气充分燃烧，判断方法是火焰清晰，呈纯蓝色；合理使用灶具的架子，其高度能使火焰的外焰接触锅底，可使燃烧效率最高，应按锅底大小调节炉火大小，使火苗与锅、壶底接触后稍弯、以火苗舔底为宜；使用直径大的平底锅比尖底锅更省煤气。

厨房通风良好可节气

厨房通风很重要，良好的通风环境可以保证燃气燃烧时不会缺氧，不会因燃烧不充分而浪费燃气，也能保证安全。

要保持一定的通风条件，但也不能使进入厨房的风过大，否则会影响炉火，导致炉火摇摆不定，从而分散火力，延长了烹饪时间，还浪费了燃气。要保证火力集中，可以用薄铁皮在燃气灶周围搭一个"挡风罩"来实现。

清洁锅底可节气

经常清洁锅底也有利于节气。

铁锅使用久了，锅底就会积上一层黑色的脏物，会隔绝热能，这样在烹饪的过程中，就要使用更多的燃气才能使食物熟透，不利于节气，因此每隔一段时间要记得将黑垢刮掉，以免浪费燃气。

汽车节油窍门

汽车预热可节油

开车的人都知道，在启动车时要先对发动机进行短暂的预热。一般情况下只需要在原地预热2~3分钟，再以低于每小时40千米的速度行驶2千米左右，发动机就会慢慢升温。这时，只要尽量避免急加速和急刹车，就可以正常驾驶了，同时，这样做也有助于节省油耗量，降低行车危险系数。

空挡滑行可节油

在保证行车安全前提下，根据路况，可以用滑行减速来代替制动减速，尤其在平路行驶速度较快时挂空挡滑行，在惯性作用下，滑行距离就会很远，等速度降下来再轻加油门。

当时速达到60千米左右时吐档，滑行速度降到45千米再挂挡加速，可很好地节省燃油。

挂高挡可节油

当轿车以时速50千米匀速行驶时，挂2挡，耗油量约13千米/升；挂3挡，耗油量约18千米/升；挂4挡，耗油量约

22丁米/升。由此可见，高挡行驶比低挡行驶更省油。用低速起步时应及时换挡，起步40米以内就应该换上高速挡，这主要针对驾驶手动变速器的车，而驾驶自动变速器的车时，应尽量避免使用运动模式。

排气量越小越节油

通常来说，汽车是否省油，主要与发动机及传动系统的设计有关，如果气缸容积小，燃油效率高，就比较省气，排气量自然就小。实际上也很少有大排量的汽车比小排量的汽车还省油的。

因此，如果单纯从是否省油这方面来考虑，可以考虑排气量较小的汽车。

巧用制动可节油

很多车友喜欢开快车，一碰到紧急情况往往来一脚急刹车。

紧急制动是很耗油的，且会增加轮胎等众多部件的磨损，还不利于人身安全。正确的做法是尽可能少用紧急制动，多采取预见性制动，提前减速或挂空挡行驶减速，这样既能保证安全，又能减少油耗。

旧物翻新有诀窍

通常看过的旧报纸，卖掉会很可惜，放在家里又实在很占空间。

其实，我们平时买的各种东西所丢弃的外包装盒，比如纸箱，都完全可以实现旧物翻新，还能解决旧报纸浪费这一问题。

而且，与柜子等家具相比，纸箱既经济、轻便，又很实用，不用的时候可以拆掉，或折叠好，丝毫不占地方。

利用纸箱制作旧报纸存储箱

STEP 1

把纸箱的底部用厚胶带封好备用，使其更牢固。

STEP 2

再把纸箱的盖子向内折好。

STEP 3

用锥子在纸箱的每个边各钻1个小孔。

STEP 4

把两端绳子分别对穿。

再将穿过的绳子打成节便于手提，即大功告成。

STEP 5

纸盒变名片文具盒

利用饮料盒、点心盒等纸盒可制作成收纳名片的小盒子，也可当文具盒使用。

将两个盒子结合在一起，前格可放正方形名片或订书针、笔芯等用品，后格可以插笔、尺等文具用品。

STEP 1

准备纸盒、透明胶。

STEP 2

以2∶3的比例割开盒子。

STEP 3

将一高一低的两个盒子粘贴起来。

STEP 4

用包装纸将盒子外表包装起来，以便看起来更美观。

一般情况下，我们总是习惯把衣架挂在衣杆上，从未考虑如何存放它们。这样不仅显得不美观、浪费空间，而且还使衣架经过风吹日晒，极容易变旧。其实借助旧纸盒，我们也一样可以收纳衣架。

旧纸盒变衣架存放盒

STEP 1

把纸盒沿对角线切开，使其成两个三角形盒。

STEP 2

取其中一个三角形盒，切掉直角尖端。

STEP 3

在开口两侧平衡的位置各戳一个小洞。

STEP 4

用包装纸把裁剪好的盒子粘贴起来。

再将衣架放入存放盒中排好，挂在墙上或绳上皆可，这样既美观又不占空间。

STEP 5

名片盒变成首饰盒

材料：名片盒、海绵、刀片、剪刀。 ▶

STEP 1

外面卖的首饰盒大多千篇一律，稍微有点特色的价钱又太贵，买了又心疼钱。

既然如此，何不利用身边的小物品来收纳小首饰呢！既简单而又实用哦！

STEP 2

用剪刀剪出适当海绵，再用刀片划出裂缝。

STEP 3

将耳环、项链等首饰塞进裂缝即可。

家里买了饼干吃完之后，通常会留下空的饼干盒，有一些质量看起来挺好，扔了可惜，那就可以拿来做成首饰收纳盒。加入自己的创意，保证让你爱不释手。

饼干盒变成首饰盒

STEP 1

材料：空的饼干盒、纸板、剪刀、铅笔、直尺、包装、胶纸。

STEP 2

按饼干盒尺寸，用纸板做几个隔间的纸板，标上记号。

STEP 3

饼干盒下垫上一层纸，把做好的卡板放进盒子。

STEP 4

把首饰放进盒子里。

STEP 5

在包装纸上，依照盒盖尺寸用铅笔画出适当的包装纸。

STEP 6

把裁好的包装纸用胶纸粘在盒盖上。

废旧纸盒变身文件夹

材料：饮料包装盒3个、剪刀、包装纸、胶纸。

STEP 1

喝完的饮料纸包装盒不要急着扔掉，可以将其废物利用。

将3个饮料包装盒加以剪裁，组合在一起可以制作成文件夹，用于保存资料。

参照右边的做法，动手做起来吧！

STEP 2

将要放底部的盒子两边侧面剪掉，要放两边的盒子剪去相应侧面，并剪去多余部分。

STEP 3

用两侧盒子的底部套住中间的盒子，并用双面胶固定。

如果经常网购，肯定会留下不少快递箱子，如果不想浪费，可以用这些纸箱做成抽屉，放在存储架上或床底下，就可以存放物品。

下面就来展示如何用一个纸箱做成两个抽屉。

用纸箱做成抽屉

STEP 1

把纸箱底朝上，四周的接缝处都用厚胶带粘好。

STEP 2

用小刀将纸箱切割成两半。

STEP 3

在纸箱切口处粘上包装纸，可防止划伤，使之更结实。

STEP 4

在纸箱侧面钻两个孔。可用胶带卷成筒后穿过孔。

STEP 5

这两个孔可以用来穿细绳子，做把手。

STEP 6

如图所示，抽屉便做成了。

废旧纸箱变抽屉式存储箱

自己动手，可以把硬纸箱做成抽屉式的存储箱。注意抽屉的抽出部分要比抽屉外框稍小一圈。

STEP 1

材料：纸箱、塑料胶带。

STEP 2

将一个纸箱较小的那一个截面截掉。

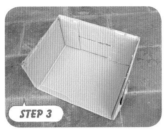

STEP 3

把较大的一个面也截掉，就形成抽屉了。

STEP 4

把另外一个纸箱较小的截面也截掉。

STEP 5

形成抽屉外盒。

STEP 6

再在抽屉上钻两个小孔。

STEP 7

在小孔里穿上绳子，就形成一个完整的抽屉了。

硬纸箱堆起来很占空间，如果不想浪费空间，就可以利用它的结实性，直接摞在一起或加一些固定的小零件，再在上面放上隔板，简易的储物架就做好了。

这样一来就可以空出空间多放些生活用品了。

硬纸箱变简单储物架

STEP 1

把纸箱的底部用胶带粘好。

STEP 2

箱盖往里折，再用双面胶把纸箱连接固定。

STEP 3

把东西放在硬纸箱做成的储物架上。

废旧纸盒变身收纳盒

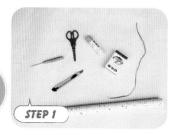

STEP 1

材料：空烟盒、包装纸、棉线、剪刀、固体胶、锥子。

STEP 2

依照纸盒的大小，在包装纸上裁剪出纸片。

STEP 3

用双面胶将包装纸粘在纸盒上，再割出开口。

STEP 4

用锥子在纸盒的两侧钻洞，穿进棉线。

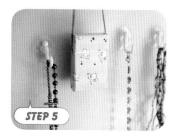

STEP 5

再将纸盒挂到墙上，就能收纳零散的小物件了。

饮料盒摇身变收放架

STEP 1

将洗晾好的饮料盒画出适当的高度。

夏天一到，为了降温，很多人就会选择多喝几瓶冷饮，身体是畅快了，可留下来的瓶瓶罐罐就堆积成山了。如何变废为宝呢？

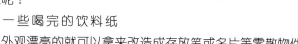
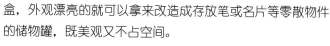

一些喝完的饮料纸盒，外观漂亮的就可以拿来改造成存放笔或名片等零散物件的储物罐，既美观又不占空间。

STEP 2

将多余的部分剪下。

STEP 3

在饮料盒外面包上自己喜欢的包装纸即可。

STEP 4

这时，就可以放入我们需要放的一些物件，例如笔、名片等都可以。

牛奶盒制作遥控器插筒

平时我们喝完牛奶后，牛奶纸盒先别急着丢掉，可以将它进行改造，再稍加装饰，做成遥控器的插筒。

做出来的插筒大小适中，刚好够装遥控器，而且做法也很简单。

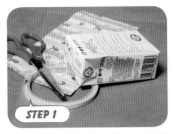

STEP 1

准备1个空牛奶盒、剪刀、包装纸、双面胶。

STEP 2

割下纸盒一边的盖子。

STEP 3

在纸盒四周贴上包装纸。

STEP 4

取一条丝带，用双面胶粘出花状，再贴到纸盒上面就可以了。

STEP 1

把准备好的牛奶盒洗干净，从上端剪开。

牛奶盒除了可以做成装遥控器的插筒，喝完的牛奶盒还可以在巧手的安排下，被改造成精致、美观、大方的手机收纳盒。只要稍加修饰，就能带来十足的观感。

牛奶盒摇身变手机盒

STEP 2

将剪去部分塞进盒内，用双面胶粘纸面的四周边，做成盒子的另一边。

STEP 3

在收纳盒各面贴上包装纸，最好选择和手机颜色搭配的包装纸。

STEP 4

这时就可以放入我们的手机了。

薯片盒变身笔筒

桌子上有很多笔摆放着，会显得很杂乱，甚至影响人的心情。

如果我们把空的薯片罐做成笔筒就一举两得啦！

STEP 1

把薯片盒盖子的上部分用剪刀剪掉，如上图所示。

STEP 2

用包装纸包装起来。

STEP 3

将缎带系在筒子上面，就显得很美观了。

STEP 4

再放入笔即可。

很多爱吃零食的女生，对薯片的诱惑多是无法抵挡的，但是薯片吃完了，剩下的空筒怎么办呢？

直接扔掉吃完薯片的空筒有点可惜，稍加改造，倒可以用来作为塑料袋的收纳筒。

薯片盒巧制塑料袋抽取桶

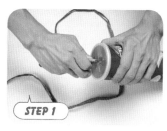

STEP 1

将空筒清理干净，筒盖割出一个"米"字形切口。

STEP 2

再在筒底切出一个开口。

STEP 3

将要收纳的塑料袋打结，保留两个提手处。

STEP 4

将第1个塑料袋右边提手穿过第2个塑料袋左边提手，以此类推，使塑料袋环环相扣。

将绳子穿过所有塑料袋把手，再将第1个塑料袋连同绳子穿过盖子，线尾穿过筒子底部，需要时抽取即可。

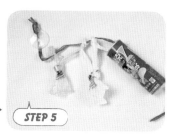

STEP 5

旧塑料瓶成卷筒卫生纸架

厨房如果需要纸巾，建议做成卷筒式的纸巾，因为厨房的油烟较多，有些可能会依附在干净的纸巾上，加上案台等地方可能也会沾上油垢，如果是直接放在案台上，纸巾就很容易弄脏。

要使用卷纸式纸巾，还需要一个纸架，那么用什么材料来做比较好呢？

现在就来教你一招，将废旧的塑料瓶变成卷筒式的卫生纸架，既美观也实用哦！

STEP 1

材料：衣架、大饮料瓶、传真纸轴、锥子、剪刀。

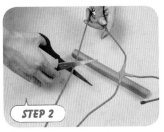

STEP 2

将衣架下方中间处剪断。

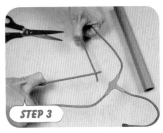

STEP 3

在三角形斜边由上而下约5厘米的地方，略往上弯，造成一个平角，两边平行。

STEP 4

将饮料瓶瓶身剪切出一个"U"形盖子。

STEP 5

把传真纸轴和纸巾放进塑料瓶里。

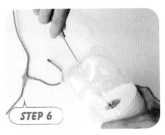

STEP 6

用锥子在塑料瓶底端截洞。将衣架剪断的两端分别穿入饮料瓶的瓶盖及底部。

STEP 7

将纸巾穿在传真纸轴上，挂容易拿取的地方。

STEP 8

想用的时候随意抽取即可。

自制手表保护筒

手表一般都放在盒子中，但是手表一多，相互摩擦挤压，表面就很容易划伤。如果我们自己动手制作一个手表保护筒，就可以轻松解决这个问题了。

STEP 1

把不用的废杂志卷成圆筒状，用胶纸粘好。

STEP 2

将粘好的书筒放在一条干净的旧毛巾上。

STEP 3

将旧毛巾卷起，固定好。

STEP 4

把手表依次穿过毛巾筒，再固定好即可。

自制卫生纸架

卫生纸是家庭生活用品中必不可少的一种，尤其是卷筒型的卫生纸，一般用于家里的卫生间以及公共场所的厕所里。

市面上的卫生纸支架种类繁多，品种也很齐全，但其实也可以试着做一个最简便的卫生纸支架，也不需要太多繁琐的步骤。

想要不花钱，自己制作一个简易好用的卫生纸架，需要的材料很简单，同时制作的步骤也很简便，一起动手跟着做起来吧！

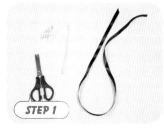

STEP 1

材料：钩子、绳子、废衣架（一截）、剪刀。

STEP 2

将废衣架穿过卫生纸的卷筒，再将绳子两端在废衣架的一头打上活结。

STEP 3

将穿好绳子的卫生纸卷筒挂到墙上即可。

废旧奶粉筒变卫生纸筒

一般有了宝宝的家庭，一定会有很多用完的奶粉筒，这些东西空置着占地方，扔掉又太浪费了。

可以把奶粉筒做成独一无二的卷筒式卫生纸罐。制作方法也很简单，你不妨试一试。

STEP 1

把奶粉筒盖子的中间划成"米"字形。

STEP 2

把"米"字处剪掉，成为一个开口。

STEP 3

把卫生纸中间的纸轴抽掉，以便从中间抽出卫生纸。

STEP 4

将卫生纸筒插入奶粉筒中，将纸从盖子中间穿过，再盖上盖子，使用时抽取即可。

STEP 1

将奶粉筒盖子的中间部分割掉，只留下边缘部分。

奶粉筒变垃圾筒

空的奶粉筒除了做成卫生纸筒，还可以有其他用途。

将空的奶粉筒重新加以利用，做成日常使用的垃圾筒，既简单又省钱省力。

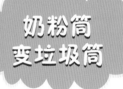

STEP 2

把塑料袋套在上面。

STEP 3

再把奶粉盖子盖上，就成垃圾筒了。

STEP 4

放在角落，它便如同平常垃圾筒一样，且更美观。

旧报纸可当垃圾袋

现代人的生活垃圾很多，用来装垃圾的塑料袋也浪费了不少，其实只要用简单的几张旧报纸就可以解决了。

这种环保垃圾袋用来装包装纸、纸屑、果皮、空盒、化妆棉等最为合适。

STEP 1

将一张报纸摊开，顶部对折后，翻面。

STEP 2

将垃圾桶倒放在报纸上，将报纸沿着垃圾桶卷起来。

STEP 3

用绳子将报纸尾端捆起来。

STEP 4

最后把报纸往里面折叠、塞好即可。

破旧四脚凳充当临时垃圾桶

以前家里用过的四角矮凳还留着吗？会不会为不知如何处理这些旧家具而烦恼呢？

没关系，想个办法将它巧利用起来就好了！

这些四角矮凳如果有点破损，也没有关系，直接拿来当垃圾袋的支架就可以了。

要怎么操作？别急，跟着下面的简单步骤，就能快速做出一个垃圾桶了。

STEP1

把四角凳反过来放直，放上塑料袋。

STEP 2

再把垃圾袋的提环以及另外两端套在椅脚上。

STEP 3

放在角落，它便如同平常垃圾筒一样，且更美观。

矿泉水瓶变自动浇花器

出远门旅行的时候，最担心的就是庭院或阳台的植物没有人打理，会打蔫。那该怎么办呢？

在这里，教你用矿泉水瓶制作一个自动浇花器，解决你的烦恼。

STEP 1

准备一个容量为2升以上的大矿泉水瓶。

STEP 2

在矿泉水瓶的瓶盖上打一个铅笔芯大小的洞。

STEP 3

将矿泉水瓶灌满水，再将瓶盖拧紧。

STEP 4

将水瓶倒过来插入盆栽土中，水就会一点一点滴出并渗透到土中。

STEP 1

将矿泉水瓶口剪下。

梅雨季节来临，所有人最大的困扰就是雨伞不能离身，不论搭车或走到哪都滴水的雨伞，常常弄得到处都湿漉漉的，令人尴尬。

用矿泉水瓶改装成伞套，既耐用且又环保，也解决了你的困扰。

矿泉水瓶变伞套

STEP 2

把袖口那一端套缺口上，用矿泉水瓶身的凹痕，固定好位置。

STEP 3

将伞放进去。

STEP 4

可以用橡皮筋固定，这样更牢靠，而且伞上的水滴就会完全滴进矿泉水瓶内。

矿泉水瓶变风铃留言夹

矿泉水瓶摇身一变，就可以变成留言夹，再加上一个铃铛，又可以充当一个风铃。不用怀疑，且听我们娓娓道来！

STEP 1

将瓶子在离瓶口1/3处的地方割开。

STEP 2

在有瓶盖的一端下沿缠上胶带做装饰。

STEP 3

拿下瓶盖，在上面打两个洞。

STEP 4

将绳子穿洞后打结，做提把，另一端串上铃铛后打结。

STEP 5

把晾衣夹吊在绳子的下端。

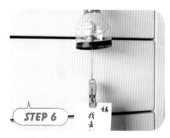

STEP 6

再将我们的留言写在字条上，夹在夹子上即可。

在请客吃饭的时候，免不了要用到纸杯。纸杯质地较软，端水时不是很牢固，特别是端热水时，很容易烫到人。要解决这个问题，用喝完的饮料瓶就能轻松解决这个问题了。

矿泉水瓶变隔热杯座

STEP 1

准备塑料饮料瓶、剪刀、各色油性笔、小贴纸、胶水。

STEP 2

将饮料瓶的瓶底裁下来。（可先刺一刀，再慢慢切割。）

STEP 3

在瓶底粘上贴纸，即成杯座。

矿泉水瓶变不滴水伞架

一到下雨天，湿湿的雨伞就成了最令人头痛的问题，拿进家里不仅会弄脏地面，也不好放置。

只要动手改造几个矿泉水瓶，就可以轻松解决这个小难题了。

STEP 1

画出裁切线，把其中两个在离瓶底约1/4处割开。

STEP 2

画出裁切线，把另外两个在离瓶口约1/4处割开。

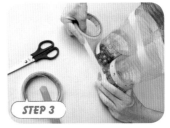

STEP 3

往有瓶底的瓶子内放入弹珠，再合上一个无瓶底的瓶子，粘牢，再以同法制作另一个。

STEP 4

将做好的矿泉水瓶用胶带粘在一起，再将雨伞插入瓶中即可。

现代家庭里，一次性纸杯是越来越常用的生活用品。

用矿泉水瓶做成的纸杯抽取架可以挂在饮水机或是饮料机旁边，方便拿取纸杯。

饮料瓶变纸杯抽取架

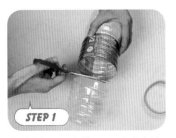

STEP 1

将饮料瓶瓶底剪开，成为纸杯的入口。

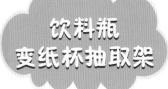

STEP 2

把纸杯放进塑料瓶里。

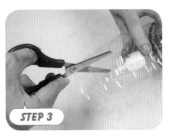

STEP 3

将饮料瓶瓶口部分裁掉一部分，再将保留的部分垂直剪几刀，使纸杯抽取更顺手。

STEP 4

用双面胶将纸杯架粘在方便取用的位置（上宽下窄），再套上喝水的纸杯即可。

饮料瓶变笔筒

我们平时喝完饮料剩下的大塑料瓶不要立马就扔掉，只要经过简单的设计，就可以变废为宝。

用喝剩下的饮料瓶，经过几个简单的步骤改造，就能做成笔筒。一起来学一下做法吧！

沿着凹槽，将塑料瓶身的上部割开。

对半剪开宽胶带，把瓶口、瓶身的切口包上胶带，以免锐利的边缘割手。

再放入笔或其他物品即可。

收存眼镜时，每副都需要眼镜盒来保护镜片不受磨损，还要维持镜框的端正，以防不小心压坏镜片，非常费事。

下面这种方法，就可以轻松解决这个问题。

废旧CD片变身眼镜架

材料：CD光盘碟4片、绳子、双面胶纸、剪刀等。

将其中两张CD如图部位贴上双面胶纸。

揭开胶纸，将另两片CD片如图所示相叠，固定好。

将两端线头分别穿入两片CD的中心洞孔后，再将两线合一打结。

将其挂起即可。

废光盘变花盆

随着电脑的普及，使用光盘的人越来越多，而废弃的光盘也越来越多。

如果把废弃的光盘来做成花盆，会让家里或办公室多一分绿色。

STEP 1

4张光盘留一定间距，正面朝上并排，再用胶带粘连。

STEP 2

粘好后扶起，接口处再用胶带联结，像一个盒子。

STEP 3

再拿1张光盘，将边缘粘上透明胶带。

STEP 4

放到刚才制作的盒子上面，边缘用胶带粘紧。

STEP 5

盒子倒置，再找一个纸杯盛满水，放到盒子里。

STEP 6

如图所示，把一棵吊兰从光盘的中间穿过。

走在街上，经常会碰到有人在派发优惠券，有些甚至做得异常精美，如果想要保存的话，可以用早已废弃不用的磁盘盒来收藏这些东西，且能方便取用。

磁盘盒边变折扣券收纳盒

STEP 1

准备磁带盒、双面胶。

STEP 2

将准备的磁带盒拆卸下来。

STEP 3

用双面胶带粘在柜子或墙面上。

磁盘盒变化妆品收纳盒

不要小看我们平时装磁盘的盒子，只要稍加变化，就能化腐朽为神奇，用它来装化妆品是再好不过的工具。

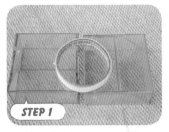

STEP 1

材料：磁盘盒子、双面胶。

STEP 2

首先我们取一个不用的磁盘盒，将磁盘盒子拆成两部分。

STEP 3

再把磁盘盒子背对背的那面，用双面胶粘起来。

STEP 4

最后放入我们需要放入的各种化妆品即可。

现代家庭都喜欢用卷筒的卫生纸，用完纸巾的废纸卷基本上都会扔掉。其实，我们可以废物利用，将它摇身一变，变成一个非常实用的领带收藏卷的。

下面就是具体的制作方法。

废纸卷变成领带卷

STEP 1

将卷筒放在包装纸上，量好长度，裁纸。

STEP 2

卷筒涂上固体胶，把卷筒放在包装纸上卷起来。

STEP 3

卷好以后，将卷筒两头的边压进去。

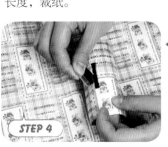

STEP 4

◀ 拿领带最窄部位在筒上做出标记，在标记处割一个比领口宽一点的开口。

把领带窄端插入开口，沿筒壁把领带卷起来即可。▶

STEP 5

旧报纸加清洁剂磨刀

在暂时找不到磨刀石的情况下，可利用旧报纸和清洁剂做成临时的"磨刀石"，既能废物利用，又能让你充分享有创意的乐趣。

STEP 1

准备旧报纸、清洁剂和小刀。

STEP 2

用透明胶带将报纸卷成筒状固定。

STEP 3

在报纸上沾些许清洁剂。

STEP 4

旧报纸沾水，在刀的一端来回摩擦约10次就行了。

现在女性大多都有裤袜，旧了或者穿坏了就丢掉挺可惜的。

可以把旧裤袜编成麻花状的柔软刷，它可是最适合用来擦鞋的工具哦。

将旧裤袜编成擦鞋软刷

STEP 1

准备两双旧裤袜。

STEP 2

将旧裤袜从臀部纵向剪开。

STEP 3

从中选择三条。

STEP 4

◀编成麻花状。

将麻花不断卷拢打结，最后成为一块结实不易变形又柔软的抹布，因为是柔软的尼龙制品，所以擦鞋的效果很好。▶

STEP 5

铝罐变烟灰缸

空铝罐变身术有很多，其实操作也很简单，只要你愿意动手，随时可以制作出美观的物品。

STEP 1

将铝罐罐口剪开，修边后剪成一条宽1.5厘米的铝条。

STEP 2

将剪好的铝条从罐底处向外面折，形成放射状。

STEP 3

将铝条向外折成如图所示的形状。

STEP 4

将铝条尾端向下卷起固定，再往内折，即成一个美观实用的烟灰缸。

STEP 1

将铝线穿过吸盘。

酸奶杯制成牙刷架

通常一家人的牙刷都会放在一起，从个人卫生角度来说是很不卫生的。

借助一些简单的物品，可以把牙刷轻松地分开，也不占用太多的空间。

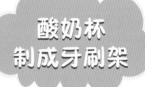

STEP 2

用尖嘴钳把铝丝穿过的一头绕成圆形，另一端沿软盖的瓶口绕紧成圈。

STEP 3

铝线尾端再穿过吸盘后方的洞口，选取合适长度，掐断铝丝，把另一端卷成小圈。

STEP 4

把吸盘挂在合适的位置上，再把牙刷放进瓶里。

鞋盒放蓬松的衣物不占空间

鞋盒子不仅可以收纳鞋子，其实也能用来放衣物。利用鞋盒放围巾或帽子等体积比较大而且蓬松的物品，不但好找而且更节省空间。

把衣物对折后，再将侧边突出的部分向内凹折。

STEP 1

STEP 2

由上往下卷起来，一定要卷得紧实使之成为桶状。然后放入鞋盒中。

STEP 3

再把鞋盒放进抽屉里。

网格做成晒衣网

简简单单的几个不同规格的网格，在巧妙的构思下，用束线带把他们连接起来，就成了一个统一的整体。

下面来看一下具体的制作方法吧！

STEP 1

将10根束线带逐个连接起来成1条线，共做4条。

STEP 2

将4条束线带连接住两片网格架的四角。

STEP 3

剪掉多余的束线带，用束线带将晒衣夹固定在下层的网格上，再剪去多余部分。

STEP 4

拿起网格架的中心点，就可以看出完成的上、下两层晒衣网的基本架构。

再放入要晒的衣物即可。

STEP 5

通常洗完积攒的袜子后都要用很多晾衣夹才能晾完。可是这样还是要用不少衣架，下面的方法可让你免除这个烦恼。

衣架变多功能晒袜架

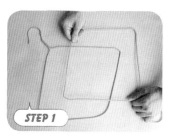
STEP 1

把两个衣架撑开成菱形。

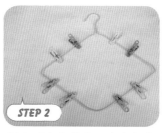
STEP 2

把夹子夹在其中一个衣架上面。

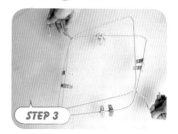
STEP 3

把两个衣架交叉穿起来。

STEP 4

把两个衣架的钩子扭90°，就能晒东西了。

把两个衣架横挂起来，用夹子夹住晾晒的东西即可。

STEP 5

铁丝衣架制成衣架挂钩

将1根铁衣架向下拉直。

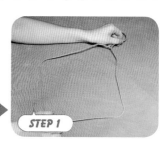
STEP 1

衣架放在晾衣杆上，拿起来很方便，可是如果随便挂在晾衣杆上又显得太凌乱。

下面就来教你制作一个衣架挂钩，用来收集所有空置的衣架。

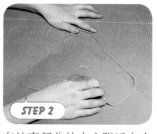
STEP 2

在拉直部分的中心附近向上弯折，就成了挂钩。

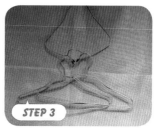
STEP 3

将所有不用的衣架都挂在挂钩上，用时随手取即可。

衣架变漱口杯架

洗手间的空间位置有限，但可以利用衣架将漱口杯挂起来以节省空间。

看似复杂的工序，其实利用的都是生活中常见的工具，一起来学一学吧！

STEP 1

双手将衣架三角处拉成长方形。

STEP 2

以衣架钩为中心，用钳子将两边7厘米处向上折成90°。

STEP 3

如图所示，用老虎钳将衣架钩向上折成90°。

STEP 4

将衣架两端夹成"U"字形，向外折成90°。

STEP 5

再将另一端开口夹小。

STEP 6

将漱口杯套在衣架上即可。

我们平时总是习惯于把鞋子平放在阳台上晾晒，但这样往往需要很长的时间。

其实，利用衣架我们也可以晾晒鞋子。看看下面的做法，就知道如何利用了。

衣架巧晒平口鞋

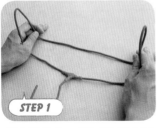

STEP 1

将衣架的左、右1/3处往上凹折，折成"U"字形。

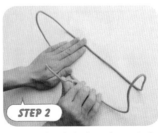

STEP 2

衣架钩部分向上凹折，成直立状。

STEP 3

用折好的衣架晾起鞋子即可。

衣架变抽取式面纸架

废旧的衣架作用还真不少，只有你想不到的，没有你做不到的。

衣架不仅可以做成滚筒面纸架，其实也可以拿来做抽取式面纸架。

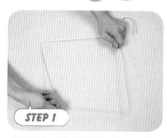

STEP 1

将衣架三角形的地方尽量拉开成长方形。

STEP 2

以衣架钩为中心，用钳子将两边4厘米处向下抝折135°。

STEP 3

用面纸盒的宽度比划着，在衣架上标记一下长度。

STEP 4

朝上弯折约135°。

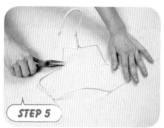

STEP 5

面纸架就做成了。

STEP 6

将面纸架放入纸盒中，再放入要使用的面纸即可。

我们平时有很多小物件需要摆放，但有时空间有限，这时，我们可以做一个挂物架来挂这些物品。而鞋柜或厨房都是容易杂乱的地方，利用铁丝衣架就可以将一些小物件悬挂收藏起来，节省了空间又显得整洁。

铁丝衣架做成挂物架

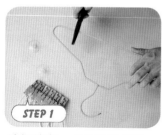

STEP 1

选择结实一点的铁丝衣架，将衣架的直线部分切下。

STEP 2

根据所需的长度，用钳子把两端对应弯曲。

STEP 3

穿入带圈夹子，插入吸盘后固定，再用夹子夹小物件。

用衣架制作清扫用具

要想彻底打扫家里的死角，用变形衣架制作清扫工具，就可以解决这一难题。

STEP 1

把衣架沿着挂钩部分拉成长方形。

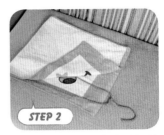

STEP 2

把拉长的衣架包裹在对折的毛巾里。

STEP 3

把毛巾按照衣架形状折叠，用一只长筒袜套在卷好毛巾的衣架上。

STEP 4

卷好丝袜后，在靠近衣架挂钩处把丝袜打结，就可以用它来清洁了。

STEP 5

对一些不容易清洁到的角落，可以将衣架折弯，这样会更方便清扫。

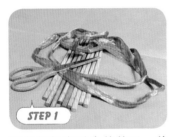

STEP 1

准备好长度适合的筷子、剪刀、一些绳线。

筷子用了半年以后，上面细小的凹槽里就容易滋生出许多细菌，用这样的筷子吃饭容易引发疾病，但是白白丢了又觉得可惜。

其实只要变换一下思路，就可以将这些废筷子再利用起来，做成实用的隔热垫。

用废旧筷子制作隔热垫

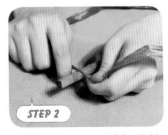

STEP 2

用绳子套住一根剪好的筷子，然后用两个手指把绳子拧一下，将筷子系牢。

STEP 3

接着再按这种方法将筷子一根根并排固定在一起，使其大小、尺寸尽量符合要求。

STEP 4

将制作好的筷子隔热垫放在需要隔热的物件下即可。

想要轻松迅速地将家里打扫干净，就要在打扫工具上下功夫，尤其是对一些相对难清理的地方，更应花心思去解决难题。

旧牙刷变身万能刷

这时，用旧牙刷做成的万能刷就能派上用场了，可以配合清洗场所自由改变握法，使清洁更省时、省力。

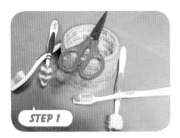

STEP 1

准备好4把废旧的牙刷、剪刀和一卷胶带。

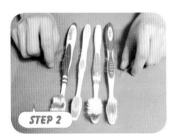

STEP 2

用胶带将4把旧牙刷以0.5厘米的间隔固定。注意：一定不要将牙刷紧贴着固定，否则就不能改变握法。

STEP 3

用4双牙刷做成的排状万能刷清洗脸盆的小排水口时能同时做360°的清洗。

STEP 4

洗碗槽等大型排水口，也能用万能刷一次性洗干净。

纸袋的变身术

女孩子逛街买衣服时常会有很多的纸袋，纸袋一旦变形，一般我们会把它扔掉。其实，我们也可以把它们留下来，另做其他用途也不错，可以让家里焕然一新。

具备一定容量的纸袋其实用途居多，可以用来当垃圾袋、收纳袋等。

STEP 1

在纸袋里面套上塑料袋，就可以摇身一变，变成实用的垃圾袋了。

STEP 2

将衣物卷成圆筒垂直放入纸袋里，使纸袋充当起衣物收纳袋的作用，这样一来，既整齐且易于辨认。

STEP 3

纸袋还能变成塑料瓶收纳袋，只要将用过的瓶子分类放入即可。

制作悬挂式面纸抽取袋

常用的面巾纸通常都放在桌子上以方便使用。如果你想变换另一种方便的用法，就可以使用闲置的纸袋，挂在墙面上充当面巾纸的抽取盒，效果也非常不错。

STEP 1

用刀片将纸袋的侧面划一个类似面纸盒开口大小的口。

STEP 2

将面纸放进纸盒子。

STEP 3

挂在墙上就解决问题了。

塑料袋一般是由两类塑料薄膜制成的：一类是由聚乙烯、聚丙烯和密氨等原料制成的；另一类是使用聚氯乙烯制成的。食品塑料袋的主要成分是高密度聚乙烯，与油的主要成分一样，所以很容易溶解油污。

因此，可以将食品塑料袋巧妙利用起来。

用食品塑料袋片吸油

STEP 1

把放过食品的塑料袋用剪刀剪成小片。

再将塑料袋片统一收集在一个小盒中。

STEP 2

STEP 3

切完鱼或肉，满手是油的时候，就可以随手拿一片擦手。

用清水冲洗一下手，擦干，手上便完全没有了油污。

STEP 4

过期乳霜保养皮具

总有一些乳霜买了之后就放置起来，结果不知不觉就过期了。这时先不要急着扔掉它，虽然是已经过期的乳霜，还是可以进行废物利用的。

STEP 1

先用布擦掉皮具上的灰尘和脏污。

STEP 2

再用软布蘸取适量乳霜擦拭皮具。

STEP 3

慢慢擦拭，使乳霜完全渗入皮具中，擦好之后置于阴凉处晾干即可。

新鞋在穿着之前，一般都会涂上一层鞋油，以保护鞋面防止受到伤害，同时更具有防潮的功效。但是鞋油擦得太厚，反而会使鞋子不透气。

不妨使用过期的油性面霜代替鞋油擦鞋，将会觉得更舒服。

过期面霜可保养皮鞋

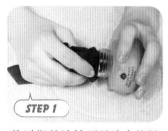

STEP 1

将过期的油性面霜涂在擦鞋布上。

STEP 2

然后用擦鞋布将面霜均匀地擦在鞋面上。

STEP 3

用丝袜擦拭一遍。

STEP 4

将擦上面霜的鞋子放在通风处晾干。

用干抹布轻轻擦拭一下鞋面上多余的油脂即可。

STEP 5

巧用 "H" 形隔板

运用 "H" 形隔板，就可以让抽屉里的物品始终保持整洁。

STEP 1

测量好需要的间隔长度、宽度及抽屉的深度，在纸板上画好展开图。两侧各留出3~5厘米做支架。

STEP 2

把剪裁好的纸板对折，折出折痕。

STEP 3

在划线范围里粘上双面胶，沿着折痕剪开到划线处，两边一样的剪法。

STEP 4

把剪开的部分向外折叠，做固定用。

STEP 5

把做好的 "H" 形隔板放进抽屉就完成了！

用来装小件服饰的抽屉，可以采用竖立式隔板把袜子和内衣等分割开来，既可以充分利用抽屉的空间，还可以让你寻找起来更方便。

巧用竖立式隔板

跟着下面的制作方法一起行动起来，就能成功实现隔板巧利用了。

STEP 1

将硬纸板量好并画出需要的间隔长度、宽度及抽屉的深度，两侧各留出3~5厘米做支架。

STEP 2

用比硬纸板大一圈的包装纸粘在硬纸壳上。（不要忘记，把两侧的支架部分粘好。）

STEP 3

空出支架部分，在硬纸板的内侧贴上双面胶，从中央位置对折后，展开支架即可。

STEP 4

再放入抽屉里面即可。

有些人喜欢在家里摆放干花，用来欣赏，但是干花在放置较长一段时间之后，其香味就会散发掉消失不见，从而变成无香干花。

如何让这些干花重新散发出香味呢？很简单，利用过期的香水就可以做到了。

过期香水制作香薰干花

STEP 1

找一些外形精美的小花纸摆出形状，再放入无香的干花。

STEP 2

将过期不用的香水喷洒在干花上。

STEP 3

将干花放置于阴凉、通风的地方晾干。

STEP 4

可以将干花塞到棉被或枕头中，有助于睡眠。

巧手制香包

许多人在吃完橘子后就把皮扔掉了，这样其实是非常浪费的。我们知道，橘子皮就是制作陈皮的原料，但其实，橘子皮还是很好的制作香包的原料。

下面就通过一个小窍门，来了解一下吃剩下的橘子皮是如何巧利用起来的！

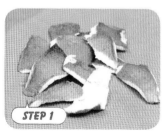

STEP 1

吃完的橘子皮先别急着扔掉，可以先将橘子皮洗干净，再把它们晒干。

STEP 2

用干净的纱布将晒干的橘子皮包好。

STEP 3

用金色小绳子将纱布扎好，香包就做好了。

海绵巧制清洁刷

玻璃杯和茶杯使用时间久了，内侧就会留下很难清洗的水垢或者茶渍，一般用水简单冲洗也很难冲净。

下面教一个简单的自制简易清洁刷的方法，刷洗较深的茶杯，刷得既快又干净。

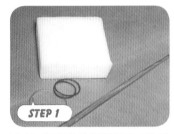

STEP 1

准备1根废弃的旧筷子和1块干净的海绵。

STEP 2

用海绵卷住筷子，呈成筒状，然后用橡皮筋绑紧固定，简易清洁刷就做成了。

STEP 3

用刷子伸入杯子内部，可旋转着清洗杯子的内侧。

STEP 4

也可用刷子清洁杯子外侧，同样非常方便。

废旧玉米叶用途多

买玉米回家做菜后，我们通常会将玉米外面的几层叶子扔掉，但其实，玉米叶的用途还是很多的，弃之实在可惜。

使用下面的小窍门，就可以对废旧玉米叶做到很好的再利用了。

方法一：可以将玉米叶当抹布，用来擦灶台。

方法二：可以将玉米叶当作洗碗布来使用，只要蘸取适量清洁液，擦洗餐具即可。

方法三：用玉米叶垫在蒸锅上，蒸馒头就不粘锅。

方法四：玉米叶富含维生素，是煲汤的好材料。

土豆皮也能除污

土豆是非常受人喜爱的一种食品，但是大多数家庭做土豆时都会将土豆皮刮下扔进垃圾桶，这是非常浪费的。

其实土豆皮还有很好的清洁功能，扔掉实在可惜。用土豆皮清洁茶壶和锅底非常方便，效果也很好。

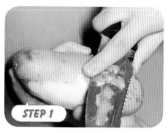

STEP 1

准备好土豆皮。

STEP 2

将土豆皮倒入茶杯中，然后用土豆皮进行擦拭，就会发现污垢很容易去除。

STEP 3

用清水清洗干净。

STEP 4

再用干抹布擦拭茶杯，就会发现茶杯光亮如新了。

STEP 1

选择几个新鲜的蛋壳，压碎。

蛋壳除污垢有强效

我们几乎每天都要吃鸡蛋，都要仍许多蛋壳。其实，蛋壳具有很好的除垢去污的能力，不如利用它来清洁热水瓶胆或擦洗玻璃、木器等。

只要稍微动下脑筋，就能将蛋壳合理利用起来。

STEP 2

将蛋壳在水杯内搅拌，这样可起到清洁作用。

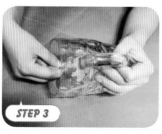

STEP 3

大的啤酒杯也可用这种方法来清洁。

STEP 4

用碎蛋壳水擦洗玻璃器皿和木器等，擦过之后的玻璃器皿和木器会更加洁净光亮。

香蕉皮可去污

平时吃完香蕉后，香蕉皮都是随手一扔。其实香蕉皮的用途很广泛，香蕉皮含有单宁，有很好的清洁功能，可用来擦皮鞋、皮包等。

跟着下面的做法一起来，就能很好地掌握香蕉的妙用小方法了！

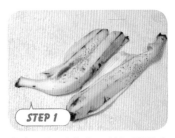

STEP 1

准备几根香蕉皮，最好是刚吃完或丢掉不久的。

STEP 2

先用干抹布将皮鞋或皮包擦干净。

STEP 3

再用香蕉皮的内壁擦拭皮鞋或皮包。

STEP 4

擦完之后，再用干抹布仔细擦拭一遍，即发现皮面洁净如新。

STEP 1

准备一盒过期牛奶。

如果家里有牛奶或奶粉不小心放置过期，也不要随便倒掉，要知道，过期的牛奶还大有用途。

下面就来向大家介绍如何妙用过期牛奶的方法。

过期牛奶不浪费

STEP 2

将牛奶倒在花盆里，可以给花卉补充营养。

STEP 3

用过期的牛奶洗手，同样能把手部滋润得光滑细嫩。

STEP 4

用牛奶洗涤有污渍的衣物，可以使污渍处变白。

绿茶渣有妙用

植物最需要的就是氮气以及养分，这些其实不难找到，日常生活中经常被我们当作垃圾倒掉的绿茶渣，其中就含有丰富的氮。

因此，可以用绿茶渣来养植物，不仅能除害虫，而且是滋养植物的优质"保健品"。

STEP 1

泡一杯绿茶。

STEP 2

将茶杯中的茶水滤掉。

STEP 3

收集起茶渣。

STEP 4

将茶渣洒在植物的根部，受到茶渣滋养的植物相当于被施过肥，会长得非常茂盛。

咖啡渣变身超好用的插针包

通常我们喝完咖啡，都会丢掉咖啡渣，其实它也有用处。它可以用来做成好用的插针包，而且咖啡渣里的油脂，可以预防针生锈，真是一举两得。

STEP 1

准备一个袋口可紧缩的布袋。

STEP 2

用塑料袋搜集适量的咖啡渣，并将袋口封紧，避免咖啡渣露出。

STEP 3

将装有咖啡渣的塑料袋放入布袋中。

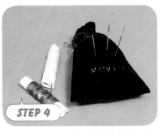

STEP 4

将布袋口缩紧，将针插在布袋上，便可以保持针的原貌不会生锈。

蚊香灰洗茶杯

夏季的时候，会用到蚊香，蚊香烧过会积下蚊香灰。

大多数家庭都是将蚊香灰当作垃圾清理掉，实际上，蚊香灰含钾，是理想的盆栽肥料，将其洒在花盆内，略微洒些水，便能很快渗入土中，很容易被花草吸收。

除此之外，蚊香灰还是清洁好手呢！

方法一

STEP 1

将蚊香灰洒在刀面上。

STEP 2

用抹布摩擦，可使刀面变得光亮。

方法二

STEP 1

用湿布蘸一些蚊香灰擦拭脏污的茶杯，也能使茶杯光亮如新。

遇到阴雨连绵的天气，尤其是像"回南天"这种天气，家中很多地方都容易潮湿、发霉，而壁橱中也经常会有很重的湿气。

除了使用干燥剂除湿之外，另外还有一个简便又快捷的方法，就是利用旧报纸来除湿气。

旧报纸去除壁橱的湿气

STEP 1

先将一张旧报纸卷好，塞入壁橱内的缝隙中。

STEP 2

依次塞入旧报纸卷，6尺长的壁橱以放入8张为基准。

STEP 3

用旧报纸吸除湿气可使壁橱变得干燥，而且不占空间。感觉报纸潮湿时就得更换。

Part 8

巧主妇养出俏宠物、靓花草

闲来无事，家里会养上花花草草、小猫小狗。

居住的环境不只要让我们舒适，也要照顾到它们的感受。

怎样才能让花草、宠物都住得舒心？

巧主妇们自然也不能忘了修修这门基础课！

养花小窍门

插花保鲜的方法

烧枝法：将花枝末端切口处2~3厘米用火烧一下，待其变色后再插进瓶中。此方法适用于梅花、桃花、蔷薇等花枝茎质较硬的花卉。

浸盐水法：在瓶水中加少许盐搅匀，然后放入鲜花。这种方法比较适合梅花、水仙花等喜碱性花卉。

剪枝法：每天或隔天用剪刀修剪花枝条末端切口处，确保新鲜，可保证花枝的吸水能力，延长鲜花的鲜艳期。

烫枝法：把鲜花枝条末端切口处2~3厘米放进滚开水中浸烫2分钟，再将其插进瓶水中。此方法适合牡丹、芍药、郁金香等枝茎质较硬的花卉。

客厅适合摆放的植物

玄关、客厅适合摆放水养植物或高茎植物，比如，水养富贵竹、万年青、发财树或高身铁树、金钱榕等。因为这些地方几乎都有风，空气流动性较大，摆放高大的植物或水生植物有利于保持房间温度与湿度平衡。

家里放花的注意事项

厨房适合摆放的植物

厨房环境首先应考虑清洁卫生，植物植株也应以清洁、无病虫害、无异味的品种为主。此外，厨房因易产生油烟，摆放的植物还应有较好的抗污染能力，如芦荟、水塔花、万年青等。

完美搭配：若选择蔬菜、水果材料做成插花，既与厨房环境相协调，亦别具情趣。

卫生间适合摆放的植物

在卫生间适当位置放几个花架，摆几盆鲜花或盆景，会显得情趣盎然；也可挂几幅艺术画，让人感觉赏心悦目，凸现文化氛围。或是把你的审美才能发挥到极致，给心灵带来愉悦。

家庭盆花夏季养护窍门

夏季室内温度如果在30℃以上就会抑制花卉的生长，一般来说秋海棠的适宜温度在16~21℃；仙客来的适宜温度在15~20℃，过高的温度会导致植株落叶、休眠、延迟开花。

夏季花卉的蒸腾强度大，要求湿度高，需要多浇水，但是记住不要在中午浇水，浇水的温度要接近土温。

茉莉、月季、牡丹等应该放置在阳光强、日照长的地方。菊花、扶桑、大丽花等应该放在半阴处。杜鹃、君子兰、马蹄莲、文竹、兰花等怕高温，可以放置在荫蔽度80%或散射光的地方。

夏季是花卉的生长旺盛期，必需要注意"薄肥勤施"，适合在傍晚先松土后再施肥，然后在次日清晨浇水。

夏季花卉长得很快，因此要及时修剪病枯枝和过多的枝叶、花蕾、果实，要控制枝条长度，促进分枝和增加花蕾。

家庭盆花秋季养护窍门

初秋的气温比较高，植物蒸腾比较大，大部分花卉还是要1~2天浇一次透水。九月中下旬的时候可以开始控制浇水量，停止施肥，以免浇水过多造成烂根等情况。

对于茉莉、扶桑、九里香等喜光的花卉，秋天仍然应将其放在阳光充足的地方，使植株充分接受光照。

秋季是病虫害的高发季节，植株容易遭受害虫的侵袭，因此在盆花入室前，必须要进行彻底治疗，以免其入室造成更大危害。

在秋天霜降之前，绝大多数花卉都要及时入室。

家庭盆花冬季养护窍门

冬天的光照强度不高，但花卉却需要多加光照，以利于光合作用生成有机养分，促进植株的抗寒性，因此，应适时将花卉放在能够照到阳光的地方。

冬季花草浇水要注意一次不要浇太多，防止因寒冷结冰而造成冻根烂根的现象。浇水的时间以上午十点到下午三点为宜，且水温应与土温、气候接近，以减少对盆花的刺激。

冬季花卉的吸收能力不强，施过多的氮肥会伤害根系，同时，还会使枝叶变嫩，降低植株的抗病、抗寒能力，不利于越冬。

由于冬天气温低且潮湿导致植株抗寒能力下降，容易诱发真菌病害，所以应该降低湿度，提高室内温度以增强植株的抗寒性。

当阳光充足时，应适当开窗使空气流通，这样有利于盆花的生长。

盆花修剪有诀窍

摘心：也叫去尖、打顶，是将花卉植株主茎或侧枝的顶梢用手掐去或剪掉，破除植株的顶端优势，促使其下部腋芽的萌发，抑制枝条的徒长，促使植株多分枝，并形成多花头和优美的株形。

疏剪：包括疏剪枝条、叶片、蕾、花和不定芽等。当花卉植株生长过于旺盛，导致枝叶过密时，应适时地疏剪其部分枝条，或摘掉过密的叶片，以改善通风、透光条件，使花卉长得更健壮，花和果实的颜色更艳丽。

抹头：橡皮树、千年木、鹅掌柴、大王黛粉叶等大型花卉，植株过于高大，在室内栽培有困难，需要进行修剪或抹头。通常在春季新枝萌发之前将植株上部全部剪掉，即为抹头。抹头时留多少主干视花卉种类而定。

防治盆花叶子变黄的窍门

肥黄：肥多，表现为老叶干尖变黄脱落，新叶肥厚但是凹凸不舒展。这类情况可以在盆中撒上一层小白菜或萝卜种子，出苗以后再拔掉，用以消耗养分。

水黄：水浇得多了，土壤里会积存大量水，透气性变差，根须腐烂，嫩叶就会暗黄而没有光泽。

碱黄：北方水质偏碱，长期用来浇喜酸性的花卉，就很容易造成碱多，出现叶子渐渐褪色变黄或脱落，简单的解决办法是浇经过发酵的淘米水或雨水。

巧洗盆花叶片

清洁叶片的时间为早晨，使叶片在入夜到来之前有充足的晾晒时间，以免因夜间缺少阳光以及温度降低，使叶片处于潮湿的环境。

一般来说，可用手托住叶片的背面，另一只手用软布沾水轻轻擦拭，或用柔软的毛笔掸刷、小型手动喷雾器直接喷洒清洗也很不错。

浇花有窍门

浇花以"见干见湿，浇透水，避免浇水浇一半"为原则。所以要等花卉的土壤完全干透再浇。

判断土壤是否干透：用吃冰激凌的木棍沿盆边插入土壤，尽量接近花盆底部，然后拔出来，就可以通过木棍表面黏土的干湿判断花盆下部的干湿程度。

浇水前要尽量先进行松土，这样可以使浇水更充分，浇水时尽量使水流慢慢地滴入花盆中。

巧除花肥的臭味

用发酵的肥料给花卉施肥，时间久了会散发出恶臭味。不过，如果将橘子皮放入肥料液内，可减轻臭味，而且橘子皮腐烂后也是很好的肥料。

怎样自制花肥

氮肥的制作：将食用的菜籽饼、花生米、豆类或豆饼、菜籽饼、酱渣等煮烂贮于坛内，加入适量厌氧型发酵剂后再注入少量水，湿度保持在60%～70%。密封沤制一周左右即可取出其肥液掺水使用。

钾肥的制作：喝剩下的残茶水、淘米水、泔水、草木灰水、洗牛奶瓶子水等都是上好的钾肥，可直接用来浇花。这些水都含有一定的氮、磷、钾等营养成分，用来浇灌花木，即能保持土质，又能给植物增添氮肥养料，促使根系发达，枝繁叶茂。

完全复合肥的制作：将猪排骨、羊排骨、牛排骨等吃完剩下的骨头装入高压锅，上火蒸30分钟后，捣碎成粉末。按1份骨头屑3份河沙的比例拌匀，做花卉基肥，垫在花盆底部3厘米，上垫一层土，然后栽植花卉。这种骨头屑是氮磷钾含量充分的完全复合肥，有利于花卉生长开花。

自制花草杀虫剂的方法

①将大葱200克切碎，放到10升水中浸泡一夜，用其喷洒植物，每天数次，连续5天可以除病害。

②取200克大蒜捣烂成汁，加20升水稀释，用来喷洒植物可以起到杀虫效果。

③将400克烟草末放到10升水中浸泡两天两夜，滤去烟末，再加10升水和20克肥皂粉搅匀，用来喷洒花木可除虫。

自制花肥不发臭

淘米水通常都会被倒掉，这实在很可惜。其实淘米水有很多作用，比如其中含有丰富的油分和各种营养物质，通常用它来浇植物，能促进植物的生长和发育。

STEP 1

淘洗大米时将淘米水保存在水盆中。

STEP 2

将淘米水装入喷水壶中。

STEP 3

黄昏时，用喷水壶给植物浇适量淘米水。剩下的可保存到第二天早晨再使用。

怎么给盆栽植物换盆

首先要确定植物是否需要换盆。盆栽植物养殖一两年以后，植物的根部会出现盘根现象，从而导致植物生长十分缓慢，且浇水之后很快就干，那就说明原来的盆太小了，需要换容器了。下面就教你如何给家里的盆栽植物换盆。主要有以下两种方法。

方法一：如果不希望植物长得太快、太大，可以剪掉部分外侧的老根，再去掉部分集结的土块，换入与原来同等大小的花盆即可。

方法二：如果希望植物长得更快、更大，则不需要去除土块，只需将腐朽的根去除，再换上比原来稍大的花盆即可。

啤酒喷花有好处

很多人喜欢喝啤酒，却不知道啤酒对花卉是有好处的。下面就把这些秘密告诉你。

①对于花卉上的壳虫，喷洒药物作用不大，只需将啤酒与水的比例按照1∶6的比例配置，然后将其喷洒在花卉上，你就会发现虫子的颜色很快变成红棕色，一碰就掉了。

②除此之外，啤酒还是很好的叶肥，经常喷洒会使植株生长旺盛，枝繁叶茂。

所以，经常将喝剩的啤酒用来喷洒花卉植物，会给你带来意想不到的惊喜哦。

养鱼小窍门

保持水族箱清洁的窍门

方法一：保持水族箱水质清洁，投饵量一定要定时定量。一般投饵每日1~2次，每次不要投太多，投入的饵最好能让鱼在半个小时以内吃完，不然，未吃完的饵料会腐烂，这样就会破坏水质。

方法二：养几条清道夫或者小鼠鱼，这些小鱼会帮你清理剩余的鱼食。

方法三：可以在缸中种些水草，水草可以去除缸中的杂质，改善水质。

方法四：还可以放些硝化细菌。买回后按缸的容量放适当比例的硝化细菌，硝化细菌对改善水质有帮助。

方法一：养殖水草一定要掌握好水温，18~25℃是最适宜的温度。

方法二：有良好的光照水草才能正常生长，最好是利用架在鱼缸上的日光灯的灯光或折射阳光，中间要用玻璃板相隔。

方法三：除了水的洁净要注意之外，还要注意不要让水草浮出水面；如果水草过高，必须及时将其分叉。

方法四：水草最好栽植在比较大的碎石中，利于生长。

使水草旺盛的窍门

鱼饵料投放量的计算窍门

根据鱼的体重来计算：通常每日的投饲料量应该为所有鱼的体重的3%~5%。

根据鱼的摄食情况来确定适当的投饲料量：通常，投入饲料后，一般观赏鱼会在20分钟之内吃完饲料。如果用了20分钟或超过20分钟的时间还没有吃完饲料，就说明投放的饲料太多。如果鱼很快就将饵料吃完了，而且还在紧张地觅食，就说明所投放的饲料太少，可看情况再投一些。

根据鱼的生理状况和天气来调节饲料量的投放：如果是晴朗的天气就可多投一些饲料，如果在阴天或者闷热的天气里，就应该少投一些饲料；如果发现鱼有病，游动得缓慢，而且没有觅食的兴趣，则应该少投或暂时不要投放。

养鱼容器的消毒方法

新买来的鱼缸、鱼盆等容器要经常清洗，对未用过的容器和刚刚养过病鱼的容器要进行消毒。

消毒时，可以使用浓度为0.005%或0.01%的漂白粉溶液。对于发生过寄生虫病的容器，可以用4%~8%硫酸铜溶液进行消毒，浸泡5~7天，刷洗后再养鱼。

养鱼饲料的消毒方法

用新鲜的饲料喂鱼之前，要先将此饮料消毒。

通常可以用10%的高锰酸钾溶液浸洗10分钟，或20%的漂白粉溶液浸洗10分钟，或用30%的漂白粉溶液浸洗5分钟，可有效消毒，然后用水冲洗后喂养。

养狗小窍门

辨别狗狗健康状况的方法

　　方法一：观察狗狗的饮食，通常生病的狗狗都会有食欲不振的情况。

　　方法二：要留意它的排泄情况有没有异样，包括次数和排泄物的质量。

　　方法三：观察狗狗的神情和行为是否跟平日一般活泼精灵。

　　方法四：狗的皮肤毛色是否有光泽，有没有脱毛现象。

　　方法五：检查狗的体温是否正常。

　　宠物狗怕热，中午12点到下午4点，阳光辐射过强，出去暴晒很容易中暑，所以在中午12点至下午4点，不要带宠物到太阳下暴晒。

　　不要单独将宠物留在汽车中，封闭的汽车在夏日的阳光照射下，车内温度急剧上升，宠物在车内是很容易中暑的。

宠物狗夏季护理的窍门

　　夏天可一周洗澡一次，带它去爬山时，不要选择布满荆棘的路，以免受伤，回到住地应用热毛巾将狗狗嘴角、下腹、四肢、屁股及脚底擦干净。

　　夏季最容易出现的急症就是中暑和食物中毒，如发现狗狗呼吸困难，张口呼吸，舌头发紫，体温升高，应马上将狗狗放在阴凉通风的地方，用凉水冲狗狗的两腋窝、腿根部和腹部无毛或少毛区。然后，尽快联系医院进行补液和退热治疗。

给宠物狗洗澡的方法

狗狗皮脂腺的分泌物有一种难闻的气味，还容易沾上污物并使毛发纠缠在一起。如果长期不给狗狗洗澡，就容易引起寄生虫及病原微生物的侵袭，导致狗狗生病。所以，给狗狗洗澡不仅能保持它毛发的干净，而且对狗狗的健康也是十分有益的。下面就教你如何帮狗狗洗澡。

让狗狗头部面向你的左侧，左手挡住狗狗头部下方到胸前部位，以固定好狗狗身体。右手置于浴盆侧，用温水按臀部、背部、腹背、后肢、肩部、前肢的顺序轻轻淋湿，再涂上洗发水，轻轻揉搓后，用梳子很快梳洗干净。

在冲洗前用手指按压肛门两侧，把肛门腺的分泌物都挤出来。用左手或右手从下腭向上将两耳遮住，用清水轻轻地从鼻尖往下冲洗，要注意防止水流入耳朵，然后由前往后将身躯各部用清水冲洗干净，并立即用毛巾包住头部，将水擦干。

长毛犬可用吹风机将毛吹干，在吹风的同时，要不断地梳毛，只要犬身未干，就应一直梳到毛干为止。

给狗狗洗澡时的注意事项

给狗狗洗澡时，洗澡水的温度不宜过高过低，一般春天为36℃，冬天以37℃为最适宜。

洗澡时一定要防止洗发水流到狗狗眼睛或耳朵里。冲水时要彻底，不要使肥皂沫或洗发水滞留在狗狗身上，以防刺激皮肤而引起皮肤炎症。

给狗狗洗澡应在上午或中午进行，不要在空气湿度大或阴雨天时洗澡。洗后应立即用吹风机吹干或用毛巾擦干。切忌将洗澡后的狗狗放在太阳光下晒干，由于狗狗洗澡后可除去皮毛上不少的油脂，这就降低了它的御寒力和皮肤的抵抗力，一冷一热容易发生感冒，甚至导致肺炎等严重的疾病。

梳理狗狗毛发的窍门

经常给给狗狗梳理毛，不仅可以去除灰尘和污垢，还能减少狗毛的脱落，使狗毛保持清洁、美观。但是于长毛狗狗而言，梳理毛发可是一件让人棘手的事情。

洗澡前一定要先梳理毛，这样既可使缠结在一起的毛梳开，防止毛缠结更加严重，也可把大块的污处，狗狗最不愿让人梳理的部位梳理干净。梳理时，为了减少和避免狗狗的疼痛感，可一手握住毛根部，另一只手梳理。

养宠物狗的注意事项

卫生：养狗需要格外注意卫生，必须及时清洗狗狗身上的污物和细菌。

环境：狗是需要室内外活动的动物，饲养时应当具备适当的空间场所。有庭院的住房可以考虑饲养大型或中型犬种。

食物：狗最好的食物是狗粮，如不能给它吃狗粮而吃家制食物时，要注意保证营养均衡。动物内脏、肉类、玉米粉、鱼肉、胡萝卜等食物不放盐煮熟后都可以喂食狗狗。切记狗狗是不能吃巧克力的，因为巧克力中的可可碱会使输送至脑的血流量减少，造成心脏病或者其他致命的伤害问题。

排便：应训练狗狗学会去固定的地点上厕所，以免总是随地大小便而影响卫生。

疫苗：给狗狗注射疫苗是防止狗狗和主人远离狂犬病等恶性疾病的最好办法，狗瘟和犬细小病毒也是狗狗死亡的主要原因。

生病：健康狗狗鼻尖和鼻孔周围应是潮湿且凉凉的。如果狗狗鼻部干燥，多半是染上了呼吸道疾病；如果狗狗鼻腔流出黏液样鼻涕，可能患上了传染病，要马上去兽医院就诊。

处理狗狗生虱子

家里养狗狗，要特别注意狗狗有没有生虱子。如果是毛比较长的狗狗，生虱子的话就比较不容易被发现，这时候可以根据狗狗的表现来判断：如果狗狗时常搔痒并咬自己的皮毛，且没有皮肤湿疹等疾病，则极有可能是有虱子了。

对于生了虱子的幼犬，可以用狗虱水进行处理。使用方法是，先用护发素和水冲洗幼犬，然后把狗虱水均匀抹在狗全身上。要注意的是，狗虱水要以一汤匙对12升水的比例进行稀释，涂上后先不要用水清洗，以使药力渗及皮毛。

对于不能进行湿洗的狗狗，例如北京犬，可以使用喷剂或者粉剂。使用方法是，将狗狗毛从尾部向头部梳起来，然后把将药剂喷在全身，要避免喷入狗狗眼睛和嘴巴里。

狗狗的排泄物经常会出现在家里的各个地方或者是居室附近，引发主妇清理的难题。

处理狗狗排泄物

如果狗狗的排泄物是出现在居室附近的泥地，则清理起来会比较麻烦，因为排泄物会渗透进泥地，使得气味极易遗留，导致狗狗在此地的再次排泄。主妇可以用足够量的漂白粉盖住排泄物散发的气味。

如果是容易清洗的地面，则可以倒上热水加氢氧化钠溶液，然后用刷子刷洗干净，洒上拉苏溶液杀菌。

其实最好的方法还是让狗狗养成在固定区域排泄的好习惯。

狗狗生病了吃什么

狗狗生病了应该多给它吃清淡点的食物，多喂一些能刺激味觉和嗅觉的食物。

其实给狗狗吃些禽类的熟肉就会起到很好的滋补作用，但不可过多进食油腻物，否则只会增加脂肪，所以给狗狗喂肉类前最好经过去油的处理。

狗狗是一种害怕孤独的动物，当它生病的时候更加需要主人在身边的陪伴。所以适当的饮食调理加上陪伴，无疑是加速狗狗疾病痊愈的最好的良药。

养猫小窍门

巧给猫咪洗脸

给猫洗脸，最好在洗脸水里加点盐，还要注意冬天要用温水。用左手按住猫头后颈，右手拿湿毛巾轻轻擦拭猫眼内角和鼻梁深陷处。猫如果反抗可大声呵斥它，擦洗时动作要快，时间长了猫会因为不舒服而挣脱。每天早晚喂完猫后，最好都洗一次。

在洗脸过程中，可顺便清洗一下猫的耳朵，检查耳内有无发炎或黑色、油脂状分泌物。这些症状可能是慢性耳疾的征兆。

巧给猫咪洗澡

①湿透颈部以下的毛。左手用柔劲拿住猫咪的脖子，这样猫咪就不会随便跳出来。右手浇水，或者拿喷头将颈部以下的毛湿透。

②倒适量的猫咪专用浴液在猫咪的毛上，并用手揉到毛里产生泡沫，仔细揉爪子部分、

腹下部分和尾巴上的毛，充分起泡后，用温水彻底冲洗，直到没有泡沫。

③将猫咪抱出来，用手轻轻地在猫咪身上捋下部分水，然后再用干毛巾擦拭，尽量擦干一些。

④用吹风机的最低热档将猫咪的毛吹干即可。

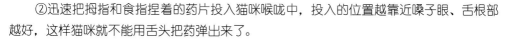

巧给猫咪喂药

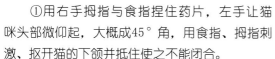

①用右手拇指与食指捏住药片，左手让猫咪头部微仰起，大概成45°角，用食指、拇指刺激、抠开猫的下颌并抵住使之不能闭合。

②迅速把拇指和食指捏着的药片投入猫咪喉咙中，投入的位置越靠近嗓子眼、舌根部越好，这样猫咪就不能用舌头把药弹出来了。

③迅速用手闭合猫咪的嘴然后捏住，让它没有机会吐出或摇头甩出药片，不要立即松手，等待片刻。

④在进行第三步的同时，用右手轻轻上下抚摸猫的喉咙，等听到猫咪进行几次吞咽后保证药片吞下才可松手。

巧除猫咪身上的跳蚤

防蚤项圈：防蚤项圈大多含有机磷或氨基碳酸盐等成分，其溶于塑胶成分内而慢慢释出，直接作用在跳蚤身上使之致命，在防蚤项圈有效期限到达以前即需更换新的。

陈皮水：取250克新鲜的柑橘皮，用刀将其切成碎末，用纱布包起来挤出带有酸苦味的汁液。将汁液用500克开水稀释并搅匀，待凉后喷洒在猫狗身上，或用毛巾在柑橘稀释液中浸湿后裹在猫狗身上，半小时后，用清水洗净猫毛，即可驱除跳蚤。

巧处理猫拉稀便

如果猫拉稀便，但是胃口依然很好，那可能是用罐头食粮喂食所致，因为罐头食粮可口，猫咪吃起来没有节制，吃得过量就会导致腹泻。

处理这种情况，首先应该停止喂食罐头食粮，改用干烘鱼拌饭，对于不吃的猫咪可以先饿一两天。

巧处理猫感染眼疾

猫咪感染眼疾的典型症状是经常流眼水，双目湿润。这个时候就需要给猫咪的窝进行清洁，更换布垫，用棉花蘸取硼酸水洗抹眼部，并且用不刺眼的眼药水滴眼。猫咪的饮食方面，吃鱼最好是以蒸鱼为宜。如果猫咪的情况没有到好转，最好送去宠物医院诊治。

巧处理猫呕吐

如果是年纪大的猫咪出现呕吐白沫和血，则有可能是患有肝病；如果是小猫咪出现此种情况，则有可能是吐不出鱼骨造成的，建议使用成药"五宝散"调稀灌饮。如果症状不能消除，则需要去宠物医院医治。

饲养其他宠物小窍门

如何料理宠物鼠

宠物鼠比较容易饲养，最好养一对，单独生活会比较呆钝。宠物鼠吃得很杂，胡萝卜、土豆、蔬菜、熟肉等都吃，但是喂养的话，最好不要吃太杂，否则粪便会很臭，最好不要喂食肉类，蔬菜也要少，宠物店出售的粒状干粮、葵瓜子、莲子等是适合喂养的食物。宠物鼠的食量虽然比较大，但是能够储存热量，所以不必多喂。

宠物鼠有爱咬东西的习惯，可在箱子里加防火板；居所的保暖布料要经常更换，保持清洁，以免它们的毛质变脏。

如何防治鹦鹉中暑

鹦鹉是非常怕热的动物，炎热对于鹦鹉的伤害远大于寒冷。环境温度超过35°时大多数的鹦鹉就会不安，超过37°时体质差的鹦鹉就会死亡。

鹦鹉中暑时会表现为嘴巴张开、呼吸急促、张开翅膀，这是为了尽快散热，如果达不到效果，它可能会休克甚至死亡。

预防鹦鹉中暑要注意室内通风，避免把鹦鹉的笼子放在光照强烈的地方，并在鹦鹉的食物中多放一些蔬菜，一旦鹦鹉出现中暑症状时可以朝它喷一些水雾。

巧处理兔子腹泻

兔子吃东西通常都没有节制，有食物便一直吃，而胡萝卜中含有亚硝酸盐，多吃容易中毒，所以很多兔子都会有一个通病——腹泻。

处理兔子腹泻最直接的方法是要控制它的饮食，刚开始给兔子喂食的时候要使用干粮，必要时可以喂少许的白开水，进食要定时且量少，等到兔子习惯以后才能喂食其他干净蔬果，同样要控制好量。

如何保持兔子牙齿正常

兔子的牙齿总是在不断增长，如果想要兔子的牙齿保持在正常范围，可以给它喂一些硬壳果，让兔子自己磨牙。如果有必要，也可以两人合力，一人捉紧兔子，一人用粗质水砂纸来给兔子磨牙，这样也可以避免兔子的牙齿长得过长。

如何养兔子

兔子主要是吃蔬菜的，蔬菜中含有很多水分，所以很多人会误认为兔子不用喝水。这是一个喂养兔子的误区。

兔子的用品要定期进行消毒，包括它的饭盆、兔窝以及玩具，这样可以有效预防兔子生病。

兔子居住的环境要清洁、干燥，而且要保证空气流通，如果环境潮湿、不卫生，很容易滋生细菌，易导致兔子生皮肤病。

兔子的排泄物比较多，要及时清理，以免弄得家里臭烘烘的。

抓兔子时，很多人顺手就拎起了兔耳朵，这样很容易损伤兔子耳朵上的神经，导致耳朵不能动弹。